无机材料实习指导

杨为中　主编
廖咏康　周大利　尹光福　主审

科学出版社
北　京

内 容 简 介

本书以无机非金属材料专业的培养目标为基础,针对"卓越工程师教育培养计划"和"全国工程教育专业认证"对工科学生实践能力和毕业能力的要求,全面介绍无机非金属材料专业在企业实习过程中涉及的各方面知识和内容,包括企业实习介绍、卓越工程师教育培养计划、无机材料生产工艺、无机材料生产设备、无机材料工业节能与环保、综合能力的培养、认识企业、安全生产教育 8 章。全书重点突出,理论联系实际,解决了学校理论教学和实践数学的脱节问题,实现了理论和实践相结合的一体化教学。

本书适合高等学校无机非金属材料专业本科生或其他材料相关专业师生使用。

图书在版编目(CIP)数据

无机材料实习指导/杨为中主编. —北京:科学出版社,2016
ISBN 978-7-03-048946-3

Ⅰ.①无… Ⅱ.①杨… Ⅲ.①无机材料-高等学校-教学参考资料 Ⅳ.①TB321

中国版本图书馆 CIP 数据核字(2016)第 139030 号

责任编辑:陈雅娴 / 责任校对:王 瑞
责任印制:徐晓晨 / 封面设计:迷底书装

科 学 出 版 社 出版
北京东黄城根北街 16 号
邮政编码:100717
http://www.sciencep.com

北京九州迅驰传媒文化有限公司 印刷
科学出版社发行 各地新华书店经销

*

2016 年 6 月第 一 版 开本:720×1000 B5
2017 年 5 月第二次印刷 印张:11
字数:213 000

定价:39.00 元
(如有印装质量问题,我社负责调换)

前　言

　　实践教学历来是高校人才培养机制中的重要组成部分，也是无机非金属材料等工科专业教学计划中必修的重要环节。2010年以来，教育部开始实施"卓越工程师教育培养计划"，2015年国务院提出了《中国制造2025》的宏伟规划，大力推进高等工程教育、培养优秀工程技术人才已成为国家中长期战略发展的一项重要内容。

　　工程技术人员的培养离不开工程科学理论指导下的实习教学。鉴于目前我国尚无无机非金属材料专业实习的统一指导教材，本书以无机非金属材料专业教学大纲和编者多年的实习教学经验为基础，全面介绍无机非金属材料专业在企业实习过程中涉及的各方面知识和内容，以期解决学校理论教学和实践教学的脱节问题，进而实现理论和实践相结合的一体化教学。本书既可指导学生实习前进行有目的的准备以及到生产现场后进行有条不紊的实习，完成理论到实践的体验，又可培养学生积极主动地发现问题、分析问题和解决工程实际问题的能力。

　　本书适合高等学校无机非金属材料专业本科生或其他材料相关专业师生使用。本书具有科学性、实用性、工程性、系统性等特点。本书共8章：第1章为企业实习介绍，第2章为卓越工程师教育培养计划，第3章为无机材料生产工艺，第4章为无机材料生产设备，第5章为无机材料工业节能与环保，第6章为综合能力的培养，第7章为认识企业，第8章为安全生产教育。本书通过丰富的图片及案例教学，全面介绍大学生实习需要掌握的基础知识和专业知识。

　　本书由四川大学杨为中编写。四川白塔新联兴陶瓷集团有限责任公司技术中心廖咏康主任、四川大学周大利教授和尹光福教授对本书进行了审阅。

　　在本书编写过程中，除参考文献外，还应用了一些网络资料，并对直接引用的网络图片加注了图注（由作者自行拍摄或加工处理后的图片除外），另外参考了部分兄弟院校"卓越工程师教育培养计划"的培养方案，在此特别说明并对相关网络资料的作者和相关兄弟院校表示衷心的感谢。

　　由于编者水平有限，教材中难免存在不足之处，恳请广大读者不吝指教。

编　者
2016年3月于成都

目 录

前言
第1章 企业实习介绍 ·· 1
  1.1 实习的内涵 ··· 1
    1.1.1 实习的定义和分类 ··· 1
    1.1.2 生产实习的内涵 ·· 2
    1.1.3 生产实习的重要意义 ·· 2
  1.2 无机材料生产实习简介 ·· 4
  1.3 生产实习的组织安排 ·· 6
    1.3.1 集中实习和分散实习相结合 ··· 6
    1.3.2 参观实习与顶岗实习相结合 ··· 6
    1.3.3 企业深度参与实习教学 ··· 6
    1.3.4 校企双导师制 ··· 7
    1.3.5 突出学生的主体地位，强调团队合作性 ······································ 7
    1.3.6 实习的评价考核 ·· 7
  1.4 校外生产实习管理制度 ·· 8
    1.4.1 学生实习安全管理制度（示例） ··· 8
    1.4.2 学生实习考核制度（示例） ··· 10
  1.5 无机材料生产实习要求 ·· 12
第2章 卓越工程师教育培养计划 ·· 15
  2.1 卓越工程师教育培养计划的含义 ·· 15
  2.2 卓越工程师教育培养计划的背景 ·· 15
  2.3 我国工程教育的现状和卓越工程师教育培养计划的意义 ····················· 16
  2.4 卓越工程师教育培养计划的实施 ·· 17
  2.5 无机材料专业卓越工程师教育培养计划 ··· 18
第3章 无机材料生产工艺 ·· 20
  3.1 陶瓷的生产工艺 ··· 20
    3.1.1 传统陶瓷的生产工艺——以陶瓷瓷砖为例 ································· 20
    3.1.2 新型陶瓷的生产工艺——以 $BaTiO_3$ 基 PTC 热敏电阻为例 ········· 25
  3.2 耐火材料的生产工艺 ··· 28
  3.3 玻璃的生产工艺 ··· 31

3.4 玻璃纤维的生产工艺 ·· 34
3.5 水泥的生产工艺 ·· 36
3.6 碳素材料的生产工艺 ·· 39
3.7 粉体材料的生产工艺 ·· 42
3.8 金属陶瓷的生产工艺 ·· 44

第 4 章 无机材料生产设备 ·· 47
4.1 粉体粉碎和加工设备 ·· 47
　　4.1.1 颚式破碎机 ·· 47
　　4.1.2 圆锥破碎机 ·· 48
　　4.1.3 滚筒式球磨机 ·· 48
　　4.1.4 搅拌磨 ·· 49
　　4.1.5 气流粉碎机 ·· 50
　　4.1.6 高能球磨设备 ·· 52
4.2 搅拌设备 ··· 53
　　4.2.1 搅拌机 ·· 54
　　4.2.2 反应釜 ·· 55
4.3 输送设备 ··· 56
　　4.3.1 管链输送机 ·· 56
　　4.3.2 皮带输送机 ·· 57
　　4.3.3 气力输送系统 ·· 57
　　4.3.4 斗式提升机 ·· 58
　　4.3.5 螺旋输送机 ·· 58
　　4.3.6 泥浆泵 ·· 59
4.4 造粒设备 ··· 59
　　4.4.1 喷雾干燥造粒及设备 ··· 60
　　4.4.2 混合造粒设备 ·· 61
　　4.4.3 挤压造粒设备 ·· 62
　　4.4.4 流化床造粒设备 ··· 62
4.5 成型设备 ··· 64
　　4.5.1 液压成型机 ·· 64
　　4.5.2 摩擦压力机 ·· 65
　　4.5.3 等静压成型机 ·· 67
　　4.5.4 离心注浆机 ·· 69
　　4.5.5 热压铸机 ··· 70

4.6 干燥设备 ··· 71
4.6.1 热空气干燥 ··· 71
4.6.2 辐射干燥 ··· 74
4.6.3 工频电干燥 ··· 74
4.6.4 高频电干燥 ··· 74
4.6.5 微波干燥 ··· 75
4.7 施釉设备 ··· 75
4.7.1 浸釉法设备 ··· 76
4.7.2 淋（浇）釉法设备 ·· 77
4.7.3 喷釉法设备 ··· 78
4.8 烧成设备 ··· 79
4.8.1 回转窑 ·· 79
4.8.2 隧道窑 ·· 81
4.8.3 辊道窑 ·· 84
4.8.4 推板窑 ·· 85
4.8.5 梭式窑 ·· 86
4.8.6 玻璃池窑 ··· 87
4.8.7 真空烧结炉 ··· 90

第5章 无机材料工业节能与环保 ··· 92
5.1 无机材料工业的节能 ·· 92
5.2 大气污染与控制 ·· 95
5.2.1 颗粒污染物的治理 ·· 96
5.2.2 气态污染物的治理 ·· 99
5.2.3 无机材料行业大气污染治理 ··································· 103
5.3 水污染控制 ·· 105
5.3.1 工业废水介绍 ·· 105
5.3.2 工业废水的处理 ··· 106
5.4 固体废弃物控制 ·· 109
5.4.1 固体废弃物的危害 ·· 110
5.4.2 工业固体废弃物 ··· 111
5.4.3 固体废弃物的处置 ·· 112
5.4.4 工业固体废弃物在无机材料工业中的应用 ················· 112

第6章 综合能力的培养 ··· 115
6.1 基本实践能力 ·· 116

  6.2 专业实践能力 ··· 118
  6.3 职业素养和职业道德 ··· 119
第 7 章 认识企业 ··· 123
  7.1 企业介绍 ·· 123
    7.1.1 企业的含义和特征 ··· 123
    7.1.2 企业的类别 ·· 124
  7.2 现代企业 ·· 125
  7.3 企业文化 ·· 127
    7.3.1 企业文化的认识 ·· 127
    7.3.2 企业文化的内容 ·· 127
  7.4 工业企业 ·· 130
  7.5 生产过程 ·· 131
第 8 章 安全生产教育 ··· 136
  8.1 安全生产的含义 ··· 136
  8.2 安全生产的重要意义 ··· 136
  8.3 安全生产教育的意义和要求 ··· 137
  8.4 我国企业安全生产形势 ·· 137
  8.5 材料企业安全生产事故典型案例 ·· 139
  8.6 安全生产事故的主要原因 ·· 141
  8.7 三级安全教育 ·· 143
  8.8 无机材料工业生产安全知识 ·· 145
    8.8.1 防尘安全知识 ··· 145
    8.8.2 防毒安全知识 ··· 147
    8.8.3 防火防爆安全知识 ·· 148
    8.8.4 防高温伤害安全知识 ·· 151
    8.8.5 噪声安全知识 ··· 153
    8.8.6 防机械伤害和触电伤害安全知识 ······························· 153
参考文献 ·· 159
附录 1 《中华人民共和国安全生产法（2014 年修订版）》（摘录） ············ 160
附录 2 《安全标志及其使用导则》（GB 2894—2008）（摘录） ················ 164

第 1 章　企业实习介绍

1.1　实习的内涵

1.1.1　实习的定义和分类

实习是指大学生在校期间到企业单位参与实践工作的过程。根据我国工科高等学校教学培养计划，无机非金属材料工程专业（以下简称无机材料专业）的实习类型一般分为认识实习、生产实习和毕业实习三大类。

认识实习是无机材料专业本科生必修的专业实践课程，是本科生进行专业课程学习之前，对本专业的特点和学科性质形成初步印象的重要实践课程。认识实习通过专题报告、现场参观、总结体会等方式，使学生了解无机材料相关企业的生产工艺、生产设备、主导产品、技术经济指标、质量要求、管理体系、生产安全等方面的知识，形成对无机材料生产企业和相关行业的整体概念性认识，进而对无机材料专业形成感性认识。

生产实习是无机材料专业的必修核心课程。本科生完成专业主干课程学习后进行生产实习，目的是把理论与实践结合起来，巩固所学知识理论，培养学生的劳动实践技能，并进一步培养学生在实际生产过程中发现问题、分析问题和解决问题的能力。生产实习时间较长，学生通过专题报告、专家授课、实习参观、劳动生产实践、安全教育、总结体会等方式，能够更加深入地认识和理解无机材料相关企业的工艺过程、生产设备、相关原理、技术经济指标、产品质量、生产安全、操作技能、管理体系、节能环保、工厂设计等方面的知识。生产实习既是学生提高综合素质、为后续专业课程积累感性认识的平台，又是学生接触社会、了解社会的平台。

毕业实习是实现毕业论文（设计）分层次、多样化，进而增强学生的实践能力和创新能力的重要手段。毕业论文（设计）是对本科生大学四年所学知识的实战训练和综合检验。随着我国高等学校招生规模的扩大，教学资源已显现不足。工科高校利用校外企业资源丰富校内教学资源、培养卓越工程师已成为当今高等教育改革的重要方向。学生在毕业实习过程中，在校企联合指导下，通过资料调研、生产技术教育、劳动生产实践和实际生产问题研究，理论联系实际，深入研究改善实习企业的生产工艺流程、工艺设备、技术指标、生产操作条件、产品质量、产品成本和劳动生产率的方法途径，形成研究报告。毕业实习注重在研究中解决问题，注重实用性和实践性。通过毕业实习，巩固和提高本科生在校所学专业知识，培养学生独立分析问题和解决问题的能力。

在认识实习、生产实习和毕业实习三大类实习中，生产实习最具有代表意义，是每所开设无机材料专业高校的必修课程，毕业实习在一定程度上也可看作多样化生产实习教学模式的延伸，故本书将重点针对生产实习进行相应介绍。

1.1.2 生产实习的内涵

高等学校工科专业生产实习是一种"学生在生产现场直接参与生产过程，使专业知识与生产实践相结合"的教学形式。生产实习的教学方法与课堂教学完全不同，在课堂教学中，教师讲授，学生领会；而生产实习则是在校企指导教师联合指导下，学生自主学习生产实际，学习方式包括生产现场讲授、现场参观、实际操作、岗位实践、讨论座谈、案例分析等多种形式。通过生产实习，学生可以巩固在书本上学到的理论知识，还可在生产现场学到书本上不易了解和没有的实际知识，在实践中得到锻炼和提高。

现代的生产实习教育已不再单指对"生产过程"的实习，而是包括生产、检验、安全、经营、管理、服务等企业各方面的职业行为。

1.1.3 生产实习的重要意义

生产实习是学生将理论知识同生产实践相结合的有效途径，是学生检验专业知识、提高自身综合素质的重要组成部分，是增强学生群众性观点、劳动观点、工程观点和建设有中国特色社会主义事业的责任心和使命感的过程。

生产实习是高等教育教学体系中必不可少的重要组成部分和不可替代的重要环节。生产实习教育不仅是高校校内教育的延续，而且是校内教育的总结。生产实习教育的成功与否直接关系到学生的就业竞争力强弱，进而关系到高校工科教育的兴衰成败。

（1）生产实习是理论知识联系工程实践的平台。

在专业对口生产企业进行生产实习，可以使工科学生在学校所学基础知识、专业知识和实验技能在生产现场中加以验证、深化、巩固和充实，并通过生产实习平台，培养学生树立理论联系实际的工作作风，培养学生进行调查、研究、分析和解决工程实际问题的能力，为后继专业课的学习及毕业论文设计打下坚实的基础。通过生产实习，还可拓宽学生的专业知识面，增加感性认识，把所学知识条理化、系统化，并学到书本外的知识，获得本专业行业信息、国内外发展现状等信息，激发学生向实践学习和探索的积极性，为今后的学习和从事技术工作打下坚实的基础。

（2）生产实习是适应社会的平台。

生产实习平台为学生提供了与企业、与社会接触的"窗口"。在生产实习阶段，学生不断适应与实习同学相处、与企业员工相处、与企业领导相处、与指导教师相处以及与住所居民相处，学生始终处于一种在学校校园环境中无法体会的社会复杂环境中，这大大有利于促进学生与社会对接，逐步接触社会、认识社会、适应社会，从而培养学生的环境适应能力以及职场处事应变能力。

（3）生产实习是学生职业素养锻炼的平台。

生产实习可培养学生遵纪守时的良好作风：在高校课堂教学中，不少学生平时上课懒散，时有迟到、早退、旷课现象，但在生产实习教学过程中，学生必须严格遵守实习企业的规章制度和管理规范，否则将受到严厉的处罚和处理。科学的企业规章制度和管理规范是企业在激烈的市场竞争中生存的必然产物。在企业生产现场，学生必须严格遵守企业的相关规章制度和管理规范，从而培养遵纪守时的良好作风，为后续校园学习及以后走进社会打下良好的基础。

生产实习可培养学生良好的责任感：高校学生毕业后，如果从事技术类工作，大多将从企业一线生产车间开始锻炼，通过不断的磨砺才能逐渐从一线技术员成长为工程师、车间主任、高级工程师、总工程师及其他领导岗位。因此，培养高度的爱岗敬业责任感是学生未来走进企业岗位的首要职业品质。通过在生产一线实习，可以磨炼学生在基层岗位的岗位责任感，培养爱岗敬业、踏踏实实的职业品质。

生产实习可培养学生严肃认真的工作态度和不畏艰苦的劳动意识：企业的生产操作都是靠一线员工来完成，生产操作的每一次失误都可能给企业造成一批废件，从而带来损失，在工业型企业，员工就像工业机器上的每一个零件，一个也不能马虎。因此，学生在企业实习过程中，必须具有严肃认真的工作态度，从小事做起，做好每一件工作，只有具备这样的职业素养，才能得到企业的认同，得到企业的尊重，才会有发展机遇。不少学生走进工厂实习之前，在家里、在学校养尊处优，劳动观念淡薄，追求安逸的生活，只知索取，不懂奉献。通过在生产实习中加强艰苦奋斗教育，通过基层岗位的实习，帮助学生树立劳动创造财富的劳动观念，培养学生吃苦耐劳、不畏艰苦的劳动意识，使学生成为乐于吃苦耐劳的合格劳动者。

（4）生产实习是与就业接轨的平台。

在"卓越工程师教育培养计划"生产实习过程中，学生将走进企业相关岗位进行顶岗实习，顶岗实习在巩固拓展学生专业知识的同时，可培养和锻炼学生的劳动意识、敬业意识以及严谨求实、踏实肯干的职业作风与素养。另外，在实习过程中，学生通过企业文化体验和感悟，可了解企业的精神、价值观、信念及行为方式等，能尽快地、主动地认同企业文化、融入企业文化，在新的环境中尽快找到自己的位置，施展自己的才能。在实习过程中，通过安全生产教育，使学生安全之弦常绷，时刻具有安全意识，树立高度的责任感，真正成为以人为本、重视安全的生产参与者。总之，学生在岗位实习过程中积累工作经验，毕业后即能与就业实现"零距离接轨"。

1.2　无机材料生产实习简介

作为四大材料（钢铁、有色金属、高分子材料和无机非金属材料）工业之一的无机非金属材料（以下简称无机材料）工业，在我国经济建设中起着重要的作用。

无机材料包括以特定元素的氧化物、碳化物、氮化物、卤素化合物、硼化物以及硅酸盐、铝酸盐、磷酸盐、硼酸盐等物质组成的材料。无机材料品种繁多，从功能上可划分为传统无机材料和新型无机材料。

传统的无机材料品种繁多，如日用陶瓷/玻璃、建筑陶瓷/玻璃、卫生陶瓷、电工陶瓷、耐火材料、水泥、碳素材料、非金属矿等。传统无机材料与人们的日常生活息息相关，产量占无机材料产品的绝大多数。

新型无机材料是指具有高强、轻质、耐磨、抗腐、耐高温、抗氧化或特殊的电、光、声、磁、生物等一系列优异综合性能的新型材料，是其他材料难以替代的结构材料和功能材料，如高温结构陶瓷（高温氧化物、碳化物、氮化物及硼化物等难熔化合物、人造金刚石等）、电子功能陶瓷（各种介电陶瓷、压电陶瓷、敏感陶瓷、导电陶瓷、磁性陶瓷、超导陶瓷等）、光学功能材料（激光陶瓷、透明陶瓷、光导玻璃纤维等）、生物功能材料（生物陶瓷、生物玻璃、生物玻璃陶瓷等）、陶瓷基复合材料、碳素基复合材料等。新型无机材料具有独特的性能，是高技术产业不可缺少的关键材料。

无机材料的企业生产实习主要环节包括实习准备环节、企业介绍环节、现场实习环节、顶岗实习环节、工程技术教育环节、非技术因素教育环节、交流讨论环节、实习总结环节等。

由于无机材料领域众多，各行业、各企业实习内容均有所不同，故进厂前必须进行有效的、针对性的实习准备，对所实习企业的生产工艺、所用设备、相关产品、企业文化等方面基本了解后，才能更好地进行现场实习。

按"现代大工程观工科教学理念"进行企业生产实习代表了无机材料专业实习的最新方向。现代大工程观的工程教育是一个多学科综合体，包含工程技术、社会、经济、文化等多元背景，在生产实习过程中应全面提高学生的工程意识。在实习教学科目中，既包含与现代工业生产水平相应的设计、工艺、制造、研发、运行、施工等"工程技术"实习科目，还包括与市场经济相适应的质量意识、服务意识、管理意识、安全意识、竞争意识和协作意识等综合素质培养的"非技术因素"实习科目。要全面注重"工程技术"和"非技术因素"的整合。

在工程技术教育环节，注重学生在企业实习过程中掌握应用科学、工程知识的能力；掌握工程方案设计和数据分析处理的能力；掌握设备仪器操作和维护的能力；掌握验证、应对并解决复杂工程技术问题的能力；培养创造和创新能力。

在非技术因素教育环节，引导学生学习生产安全、职业道德、企业文化以及社会责任的知识；学习工业生产对环境和社会影响的知识；学习运用现代信息技术工具解决实际问题。锻炼学生有效表达和交流能力、团队协作和创新能力、领导与被领导能力、自主学习能力、参与市场经济和国际竞争的能力。

大部分无机材料企业的生产工艺均涉及原料制备、干燥、高温煅烧或熔制或烧成等工序，每一重要工序阶段都有需要重点注意之处。

在原料制备阶段，需要重点注意的是：由于要采用粉磨工序，将使用包括球磨机、颚式破碎机、辊式破碎机、立磨机等粉磨设备，涉及粉体输送、破碎、研磨等过程，其中必然避免不了粉尘环境。粉尘污染的危害主要包括：对员工健康的伤害——引起眼睛、皮肤的不适以及导致多种心血管、呼吸道疾病等；对设备运转的伤害——增加生产设备的非正常磨损，缩短设备的寿命，增加维护成本。因此，在该部分工序实习要做好自身安全保护和预防手段，应该严格按照工段或设备要求，如严格湿式作业，按要求洒水除尘、喷雾、水幕降尘，注意通风，如果需要应佩戴防护眼镜及防尘口罩等。另外，在原料制备阶段，由于大量机械设备的使用，还不可避免地出现各种噪声污染。在实习过程中，要了解噪声的实质——由物体振动引起，以波的形式在一定的介质中传播；认识噪声的危害——噪声通过听觉器官作用于大脑中枢神经系统，以致影响全身各个器官，故噪声除对人的听力造成损伤外，还会给人体其他系统带来危害；掌握各工序环节机械性噪声、空气动力性噪声及电磁性噪声的特点和产生原因，严格按照企业工序操作规程防治噪声，使用低噪声设备、采取隔噪声措施、使用吸声材料，必要时佩戴防噪耳塞，实习一段时间可适当更换环境。实习过程中还可利用专业知识积极研究技改方案，为企业提供减小粉尘和噪声污染的合理化建议。

无机材料的干燥、煅烧、熔制和烧成等阶段均涉及高温环节，最高温度可达1500℃以上，上述高温主要由燃料燃烧造成。在高温环境下实习，有可能造成皮肤的灼伤、视力的损伤以及全身性高温反应，如引起头晕、头痛、胸闷、心悸、视觉障碍（眼花）、恶心、呕吐、癫痫样抽搐等症状，极端情况下还会引起虚脱、晕厥、昏迷等症状。现代无机材料企业一般设有温度中央控制室，全程控制窑炉工作温度并监测窑炉工作状态，窑炉的高温工作也基本实现了全程自动化。因此，在中央控制室中实习具有良好的工作条件，只有在现场考察窑炉、工艺及各种高温设备时才会进入高温环境。在进入高温环境后，需清楚认识高温危害，严格遵守企业相关操作规程及纪律，未经允许，严禁触碰各种高温设备和制品。实习过程中加强个体防护,注意环境通风、多喝含盐水,如出现头晕、口渴、恶心等中暑症状时,及时服用藿香正气水等防暑药品,如有不适症状,及时向身边教师及工作人员反映,并采取相应措施。

1.3　生产实习的组织安排

1.3.1　集中实习和分散实习相结合

生产实习是工科大学教学计划中重要的实践性教学环节,在培养学生工程实践能力方面具有不可替代的作用。

集中实习是学校统一联系实习单位,学生在教师带领下统一进入工业企业生产一线,按实习教学计划进行工程实践锻炼。分散实习则是相对于传统的集中实习而言的一种实习形式。分散实习时,学生可以根据自己的兴趣、特长和爱好选择实习单位,但必须完成工程实践锻炼的任务安排,并保证实习时间和质量。实习接收单位需出具接收函,承诺完成学生实习任务安排。

集中实习便于学校统一组织、管理。分散实习要求实习单位配合、学生具有较强的实习自觉性和独立工作能力。集中实习和分散实习各有利弊,在教学实施过程中可根据学生特点灵活安排教学方式。

1.3.2　参观实习与顶岗实习相结合

参观实习主要是指学生在指导教师带领下进入生产一线,现场参观学习企业生产过程,包括参观生产工艺、生产运作、产品设备、生产管理模式等。顶岗实习是指学生经过校企指导教师培训后,在企业生产岗位完全履行实习岗位职责。顶岗实习在对口岗位直接参与企业生产过程,综合运用专业所学的知识和技能,掌握操作技能,完成一定的生产任务,并学习企业管理,养成正确的劳动态度。

1.3.3　企业深度参与实习教学

学校是实习教学的组织者,在实习教学中强调高等工程教育,把学生的人才培养质量放在第一位。教学实习离不开企业的深度参与。企业作为生产经营活动的经济组织,把产品和服务放在第一位,注重经济效益最大化,但企业的持续发展必须以优秀的工程技术人才为支撑。

企业对工程技术人才有着迫切的需求,但往往企业的用人要求与各工科大学的人才供给存在脱节情况,大学毕业生进入企业后,往往需要进行较长时间的培养，才能真正适应岗位的要求。因此，只有让企业深度参与高等学校工程类人才培养，企业在学生实习的教学计划制订、过程实施、岗位安排、评价考核等环节都深度参与，开展实习教学的校企一体化教学，甚至根据企业要求进行订单式培养，才能培养出更多"卓越工程师"人才，为企业、为社会发展源源不断地供应优秀的人才资源。

1.3.4 校企双导师制

建立校企联合培养工程精英人才的双导师制实习指导模式。实习导师由学校专业教师及企业工程技术人员联合担任。学校教师应具备"双师型"特征，一方面具有扎实的理论知识和较高的教学水平，另一方面具备很强的专业实践能力和工程实践经验。学校指导教师在实习前应做好实习动员、实习任务安排、实习安全教育等环节，在实习过程中应做好实习引导、实习现场教育、宏观指导、监督检查等环节，实习完成后，及时进行实习总结及对学生的考核评判。企业指导教师在所实习领域应具有较高的专业技术水平、丰富的实际经验、高度的责任心，还应知道如何将自己所掌握的知识和技能向学生传授。

校企双导师制以学生实习科目为主线，整合理论和实践资源，因材施教，引导学生发挥自身优势，培养学生的工程能力和创新能力，提高学生的综合素质，完成实习教学任务。双导师是"教"的主体，学生是"学"的主体，师生互为主客体，形成良好的实习教学氛围，为实习教学的顺利开展打下良好的基础。

1.3.5 突出学生的主体地位，强调团队合作性

在实习教学中，打破学生在传统实习教学中处于从属被动、跟班的方式，突出学生的主体地位。学生自主参与实习的组织、实施、管理、监督全过程；增加互动、讨论、交流等环节，通过指导教师积极引导，学生能够自主发现并解决工程实践中的问题；充分调动学生的实习积极性，营造开放的实习教学环境，促进学生更好地完成实习教学任务。

学生走进大型生产型企业后，需要在现场实践中接受丰富的知识，包括厂房布局、生产线、技术流程、生产原理、岗位操作规程、仪器设备、产品应用、质量安全等，个体学生很难在有限的时间内对纷繁的信息进行完全梳理。组织学生以团队方式进行实习，各团队统筹结合、分工合作、各尽所能；引入竞争机制，激励各团队以争先向上的心态完成实习内容，有效提高实习质量。

1.3.6 实习的评价考核

生产实习的评价考核不同于校内课程的评价考核，需建立多元化的考核机制。

生产实习应根据学生的实习报告、实习日记、作业质量、考试成绩、答辩情况、实习任务完成情况、实习组织纪律等多方面，对学生进行综合考核。生产实习考核离不开企业的参与，特别是顶岗实习和分散实习，企业评价在学生最终实习成绩中将占重要比例。

对学生实习考核应非常注重过程考核，包括学生实习出勤情况、实习企业导师评价情况、实习笔记及日志完成情况、实习阶段总结情况、实习学生领队评价、实习小组互评等。实习结束后提交完整的实习报告，实习报告内容应包括企业生产流程图、工艺原理分析、设备工作原理分析、原料和计算分析、产品及应用、节能和环保、行业及市场分析、课堂理论与生产实际的结合、实习的认识和体会等方面。

1.4　校外生产实习管理制度

生产实习需制定严格的校外生产实习管理制度，作为教学生产实习管理工作的依据，并严格遵照执行。

1.4.1　学生实习安全管理制度（示例）

为加强学生实习期间的安全管理，保证学生人身及财产安全，确保实习工作有序地进行，结合实习基地实际情况，制定以下制度。

1. 实习实训前的安全管理

（1）实习实训前，实习学校应了解实习基地安全操作规程和安全要求，并与实习单位就学生实习实训安全问题进行协商。

（2）实习实训前，实习学校应对实习实训学生进行专题安全教育，增强学生的法制观念、安全知识、防范技能，了解实习实训单位各项管理制度和各项安全规章，敦促学生执行实习实训单位的规章制度，强调劳动安全防范，杜绝各种意外事故发生，同时要与实训学生保持联系，以便及时化解安全隐患、处理安全事故。

（3）实习单位在实习前做好实习实训安全检查等准备，实训前做好安全教育和提示，做好实习实训生产设备、仪器安全运行的各项保障工作。

2. 校外实习实训期间的安全管理

（1）基地各实习单位做好对实习实训学生进行有关的劳动纪律、职业道德、生产安全等教育或培训。

（2）进行校外实习实训的学生要严格遵守实习实训单位的组织纪律，应服从学校指导教师及实习单位指导教师的双重领导，严格遵守学校及实习单位的有关规章制度和劳动纪律。明确实习目的，端正学习态度。实习学生应服从实习实训单位的工作安排，按照劳动规程实训，确保劳动安全。若因违反实习纪律与安全规程和要求而造成自身伤害者，由学生本人负责或按实习实训单位的有关规章制度处理；造成他人财产或人身伤害的应由学生本人承担经济和法律责任。

（3）实习期间严格遵守作息时间，不得擅自单独行动，在外住宿必须按时回寝室，实习队不定时查寝。

（4）实习期间遵守交通规则，注意自身及同伴人身安全，并相互提醒；实习期间注重文明礼貌，维护实习队和学校声誉以及大学生的自身形象，不抽烟喝酒，不谈恋爱，不打架、不斗殴，遇事冷静处理；实习期间妥善处理好实习单位及各方面关系，做讲文明、守公德的实习生。

（5）实习期间必须注意自己穿戴，岗位实习需穿着工装。任何学生不得在实习场所（厂房、工地、教室等地）穿着拖鞋；女生不得穿高跟鞋、裙子，长发须盘起来；男生不得穿背心、赤膊。若有违反，立刻中止当日实习，并记为缺席。师生有相互提醒和监督的义务。

（6）实习实训单位要加强学生实习实训期间的劳动保护，严格执行《中华人民共和国劳动法》，防止实习实训中发生意外事故。

（7）实习实训学生是具有行为能力的社会自然人，实习实训单位、学校应不断教育、督促学生工作之余要遵守社会公德，增加安全防范意识，提高自我保护能力，告诫学生工作时间以外必须遵守学校安全管理方面的规定，对于一切违法违规的行为要自己承担责任。

3. 安全事故的责任鉴定与处理

（1）学生在校外实习实训过程中，因实习实训单位的责任发生事故，由实习实训单位承担责任及处理善后工作；因实习实训学生不遵守纪律或不遵守实习实训单位的规定而发生意外事故，由学生本人承担责任。实习实训期间办理了意外伤害保险的学生，由保险公司按相关条款和规定执行。

（2）学生在校外实习实训过程中，由于不能避免的原因或自然灾害而发生的事故，其责任鉴定及处理程序按教育部《学生伤害事故处理办法》相关制度执行。

（3）对一些不可预见的事件，在事件发生后，应按生命重于一切、时间就是生命的原则，第一时间对事件做出快速反应，不惜代价把可能出现的人身和财产损失减到最轻。学生实习过程中出现人身安全事故，企业有关负责人应立即组织救援，并通知实习指导教师和学校领导，配合处理善后事宜。

（4）学生无故不到实习单位，企业应尽早与实习指导教师联系，查清情况，酌情做出相应处理，原则上 12h 内应查清情况，若 24h 情况不明应向学校汇报处理。

（5）学生实习期间突发疾病，企业有关负责人应立即将学生就近送正规医院治疗，并通知学校实习指导教师。

（6）学生在实习期间发生与他人冲突事件，现场所有人员均应主动出面制止和劝解，避免事态进一步恶化，企业有关负责人应尽快将情况反映给实习指导教师。

（7）生产和生活环境发生灾难性事件，学生及现场人员应迅速撤离事件现场，不提倡学生在事件中扮演消防员角色，并迅速通知学校相关人员。

（8）其他未尽事项，按国家相关规定执行。

1.4.2 学生实习考核制度（示例）

在实习实训教学中，系统、正确地考核与评定学生的实习成绩，是实习教学过程中的一项重要内容。实行科学、严格的实习考核制度，有利于促进、巩固教学效果和总结实习教学经验，是提高实习教学质量的重要方法之一。为保证学生实习教学环节的顺利实行，结合本基地特点和实际情况，制定以下制度。

1. 考核内容

实习考核内容包括以下几个方面：

（1）考核学生的学习和工作态度、遵守操作规程、安全文明生产实习等职业道德和素养情况。

（2）考核专业的技术知识和操作技能、技巧理解和运用的程度。

（3）考核学生的创新精神和团队协作能力。

（4）考核学生利用专业技术解决实际问题的综合能力和专业实践取得的成果。

2. 考核的原则

（1）实习指导教师应当坚持经常地、有计划地对实习进行考核，这样才能及时发现教学中存在的问题，并加以调整和改进教学内容和方法。

（2）考核必须采取客观的、统一的标准，防止对学生的实习活动和完成的工作采取主观的、偶然的和任意的评定。

（3）教师评定学生的成绩应当是公正的、准确的，能够真实地反映学生的知识、技能和技巧的实际水平，保持成绩的真实性和严肃性。要公开评分标准和每一个学生的实习课题成绩，使成绩成为鼓舞学生努力学习的积极因素，让学生知道为什么会得到这个成绩，今后应如何发扬优点，克服缺点。

（4）实习教师在技能考核中可结合口头答辩，以考核一些专业基本理论知识和实施的专业技能方法。

3. 实习成绩考核的方式

实习成绩考核有以下几种方式：专业理论知识测试、专业实践成果书面总结、设计或论文等材料的质量评定、专业汇报和答辩、综合能力和素质测评等。

考核方式由实习考核教师根据实习方式和内容具体制定并报实习基地领导小组批准。一般要求是在每实习完一个项目或者阶段后，由实习教师以命题考核、现场答辩或提交报告的形式进行考核，并详细记录考核结果，将评分标准和评分结果公布。

4. 实习成绩的计算

1）实习成绩考核内容权值

学习工作态度和职业道德素养：0.30。

创新能力和团队协作精神：0.10。

实际操作能力评价：0.30。

专业实践成果：0.30。

考核内容的具体组成和权值，可以根据实际的实习内容和要求进行调整。

2）考核等级

根据加权平均分将考核结果分成5个等级。

优秀，90分以上；良好，80～89分；中等，70～79分；及格，60～69分；不及格，60分以下。

3）加减分制度

凡有下列情况者，可酌情考虑加分或减分。

（1）在实习实训中制止他人违反规章制度，避免了人身伤害事故或使生产实习设备免受损失者，除给予表扬或奖励外，可适当提高实习总评成绩。

（2）在实习实训中违反规章制度，造成人身伤害事故或损坏生产实习设备及故意浪费实习材料者，除给予批评或赔偿处罚外，可适当降低实习成绩。

（3）在生产实习中出色完成实践任务，受到生产实习部门书面表扬者，可适当提高实习成绩。

（4）在各类实习技能比赛中成绩优秀者，可适当提高实习成绩。

（5）在生产实习中提出合理化建议和技术革新意见被采纳者，可适当提高实习成绩。

（6）对于经常违章、违纪，被实习基地取消实习资格退回学校的学生，实习成绩按不及格处理。

（7）实习实训期间请假或旷课超过1/3者，实习成绩即为不及格，不得参加该阶段的考核；请假或旷课累计节数不超过1/3的，其最高成绩按下式计算：

最高成绩=100×(1−请假累计节数/本阶段实习总节数)

（8）凡因违反操作规程或工作纪律而造成重大责任事故或造成恶劣影响有损学校荣誉者，实习成绩为不及格。

（9）在实习过程中有不服从教师安排、违反实习课堂纪律、不安全文明等现象的，视情节轻重给予扣分。

（10）在考试或实践考核中作弊者，该项成绩按零分计。

1.5 无机材料生产实习要求

无机材料品种繁多，既包括产量巨大、与人们的生活质量息息相关的各类传统无机建筑材料（建筑陶瓷、玻璃、水泥等），又包括具有一系列综合性能优异、高技术产业不可缺少的先进无机材料（功能材料或结构材料）。

每一类无机材料企业因生产工艺不同，实习要求也不尽相同。本节仅针对无机材料企业生产工艺的一些共性特征，提出以下实习要求：

（1）实习前应掌握实习企业所生产产品的组成和结构特点、应用范围及相应性能要求。

例如，在陶瓷瓷砖生产企业进行生产实习，进厂前应通过资料调研清楚了解陶瓷瓷砖的晶体结构特征、显微结构特征；应了解清楚陶瓷瓷砖产品可能具有的化学成分；应对陶瓷瓷砖的应用范围（地面砖、外墙砖、内墙砖）及相应性能的要求有一定了解。

（2）通过生产实习，应充分了解企业进行产品生产所采用的各类原料及原料处理方式。

例如，现代工业生产玻璃采用的原料包括石英砂、纯碱、石灰石等，应清楚各类工业原料的化学成分、产地来源以及它们在生产中所起的作用等。以石英砂为例，应了解石英砂是石英石矿物经破碎、水洗、烘干、筛选而成的石英颗粒，石英砂矿物含量变化较大，以石英为主（90%～99.9%），其次为长石、云母、岩屑、重矿物、黏土矿物等。石英包括三方晶系的低温石英（α-石英）和六方晶系的高温石英（β-石英），一般石英均指低温石英。工业上常将石英砂分为普通石英砂、精制石英砂、高纯石英砂、熔融石英砂及硅微粉等，玻璃工业一般采用的是普通石英砂。石英砂的主要产地包括内蒙古、湖北、安徽、河北等地，应清楚实习企业所用石英砂的产地及其相应矿物组成和粒度参数。

又如，陶瓷生产的主要原料包括黏土类原料、溶剂类原料（长石、滑石等）和瘠性原料（石英等），应清楚每一种原料的化学组成、结构和所起作用。以黏土原料为例，它主要是一类水铝硅酸盐矿物，是多种微细矿物和杂质的混合体。应了解黏土的分类、黏土的组成、黏土的性能、黏土的产地以及黏土的作用。以高岭石（$Al_2O_3 \cdot 2SiO_2 \cdot 2H_2O$）为例，应清楚其晶体结构类型为层状硅酸盐结构，其吸附能力较小，可塑性和结合性较差，杂质少，白度高，耐火度高，是优质的陶瓷原料，按产地可分为江苏苏州土、湖南界牌土、山西大同土等。

（3）通过生产实习，应掌握企业生产所采用的生产工艺和相应原理，掌握每一工艺步骤所采用的生产设备及其操作方式和工作原理。

以水泥生产为例：应掌握水泥生产的"两磨一烧"工艺流程，清楚水泥生产从原料到产品出厂，其主要生产工艺大致可以分为"生料粉磨—熟料煅烧—水泥粉磨"三个阶段，应清楚这三个阶段的工艺。第一阶段生料粉磨工艺：目的是原料被磨得更细，以保证高质量的混合；生料是经过破碎、均化、干燥后的石灰石、黏土原料以及少量辅助原料，应能通过配料计算确定原料加入量；设备是球磨机或立磨机，应了解球磨机或立磨机的工作方式和工作原理。第二阶段熟料煅烧工艺：目的是通过高温使矿物分解，获得某些中间产物并将未成型的物料经过高温合成为硅酸盐水泥熟料（主要成分为硅酸三钙 C_3S、硅酸二钙 C_2S、铝酸三钙 C_3A 和铁铝酸四钙 C_4AF），应清楚掌握生料高温煅烧过程发生的一系列反应，包括干燥脱水、碳酸盐分解、固相反应、熟料烧结等，并能分析生料粒度、矿化剂等因素对反应的影响；设备一般采用水泥回转窑，了解回转窑的工作方式、热工特点和工作原理。第三阶段水泥粉磨是水泥制造的最后工序，目的是将经冷却后的水泥熟料（胶凝剂、性能调节材料等）粉磨至适宜的粒度（以细度、比表面积等表示），形成一定的颗粒级配，增大其水化面积，加速水化速度，满足水泥浆体凝结、硬化要求。第三阶段设备与第一阶段一样，可采用球磨机或立磨机。

（4）通过生产实习，应清楚企业所生产产品的性能检测方法，应了解企业对产品进行质量控制的手段。

材料产品的检测一般有批量检测、抽样检测等手段，产品的检测方法和指标均应达到相关国家标准、行业标准要求。例如，硬质合金（金属陶瓷）根据使用目的和范围有多种牌号，切削工具用硬质合金产品应根据 GB/T 18376.1—2008《硬质合金牌号第一部分：切削工具用硬质合金牌号》国家标准，达到对应牌号的力学性能（洛氏硬度、维氏硬度和抗弯强度）基本要求和金相组织结构（孔隙度、非化合碳及宏观孔洞分档和质量等级）规定。根据标准，切削工具用硬质合金产品的主要检测指标和方法为：GB/T 3489—1983《硬质合金 孔隙度和非化合碳的金相测定》、GB/T 3849—1983《硬质合金洛氏硬度（A 标尺）试验方法》、GB/T 3851—2015《硬质合金 横向断裂强度测定方法》、GB/T 5242—2006《硬质合金制品检验规则与试验方法》、GB/T 7997—2014《硬质合金 维氏硬度试验方法》。

（5）通过生产实习，应清楚产品的应用范围及相应性能要求。

以陶瓷正温度系数（positive temperature coefficient，PTC）热敏电阻为例，通

过实习应清楚陶瓷 PTC 热敏电阻属于典型的直热式阶跃型正温度系数热敏电阻器，当温度增加到居里温度以上时，其电阻值呈阶跃式增加，可达到 4～10 个数量级。温度的变化可以由流过热敏电阻的电流来获得，也可以由外界输入热能或者这二者的叠加来获得。基于以上特性，陶瓷 PTC 热敏电阻在电路中可以用作过流保护、过热保护、温度测量、温度补偿、延时启动、消磁等，因此在电路中有着广泛的应用。在生产中，其典型控制参数包括零功率电阻 R_0、居里温度 T_c、温度系数 $α$、最大工作电压 V_{max}、最大电流 I_{max}、动作电流 I_v、不动作电流 I_{nt} 等。

（6）通过生产实习，应发掘企业生产在节能降耗、环境保护和生产效率改善等方面的工作措施，并根据自己所学知识提出一定的技改方案或建议。

传统的无机材料工业是能源消耗大户，在实习过程中，应充分发现企业的生产节能降耗措施、废水废气及固废处理措施，以及生产线大型化、自动化、高效化措施。针对企业的不足之处，应能根据自己所学知识提出改进方案，如设备技改方案、高温窑体节能方案、余热回收利用方案、资源节约方案、生产线改进优化方案等。

（7）通过企业实习，以工程师的角度，探究如何进行无机材料工厂设计。

大学生通过企业实习后应具有一定的工厂设计能力。无机材料工厂设计包括工艺、总图、运输、电气、动力、土建、卫生安全、环境保护等方面，需确定生产方法的工艺流程和工艺计算，进行设备选型和车间布置，并根据工艺特点和车间布置向土建、消防等其他专业提供设计依据和要求。无机材料工程设计的主要目的是所设计的工厂达产达标，工厂的各种元素能有机地协调运作，人力、物力和财力消耗最少，对环境的破坏最小。

每一类无机材料工厂都有其共性和自身特征，无机材料工厂设计需反映出不同类型企业的特点。总体来说，无机材料工厂设计内容包括厂址选择、总图布置、生产流程拟定、设备装置确定、仪表控制设计、厂房设计、建筑设计等。无机材料工厂设计具有很强的综合性和复杂性，除需考虑产品生产因素外，还需综合考虑原料、燃料、材料、电力、交通运输、环境保护、协作配套等多方面技术和经济因素。

第 2 章　卓越工程师教育培养计划

工程技术改变了世界。但今天，在全球范围内，工程师正处于严重短缺之中。中国已成为世界最大的生产制造中心以及最重要的经济中心之一。未来二十年，中国将持续保持宏大的工程规模，这些都需要更多优秀工程科技人才化蓝图为实景。强化高等工程教育，启动和实施"卓越工程师教育培养计划"已成为时代的迫切呼唤和经济发展的必然趋势。

按新标准、新方法在企业进行实习是实施"卓越工程师教育培养计划"的最重要手段。

2.1　卓越工程师教育培养计划的含义

卓越工程师教育培养计划（简称卓越计划）是贯彻落实《国家中长期教育改革和发展规划纲要（2010—2020 年）》和《国家中长期人才发展规划纲要（2010—2020 年）》的重大改革项目，也是促进我国由工程教育大国迈向工程教育强国的重大举措。

卓越工程师教育培养计划的主要目标为：面向工业界、面向世界、面向未来，培养造就一大批创新能力强、适应经济社会发展需要的高质量各类型工程技术人才，为建设创新型国家、实现工业化和现代化奠定坚实的人力资源优势，增强我国的核心竞争力和综合国力。以实施卓越工程师教育培养计划为突破口，促进工程教育改革和创新，全面提高我国工程教育人才培养质量，努力建设具有世界先进水平、中国特色的社会主义现代高等工程教育体系，促进我国从工程教育大国走向工程教育强国。

卓越工程师教育培养计划具有三个特点：一是行业企业深度参与培养过程；二是学校按通用标准和行业标准培养工程人才；三是强化培养学生的工程能力和创新能力。

2.2　卓越工程师教育培养计划的背景

新中国成立以来，特别是改革开放以来，我国的高等工程教育取得了巨大成就：

一是培养了上千万的工程科技人才，有力地支撑了我国工业体系的形成与发展，支撑了我国改革开放以来 30 多年的经济高速增长，为我国的社会主义现代化建设作出了重要贡献。

二是高等工程教育规模位居世界第一。

三是形成了比较合理的高等工程教育结构和体系。工程教育经过多年发展已经具备良好的基础，基本满足了社会对多种层次、多种类型工程技术人才的大量需求。

党的十七大以来，党中央、国务院作出了走中国特色新型工业化道路、建设创新型国家、建设人才强国等一系列重大战略部署，这对高等工程教育改革发展提出了迫切要求。走中国特色新型工业化道路，迫切需要培养一大批能够适应和支撑产业发展的工程人才；建设创新型国家，提升我国工程科技队伍的创新能力，迫切需要培养一大批创新型工程人才；增强综合国力，应对经济全球化的挑战，迫切需要培养一大批具有国际竞争力的工程人才。

高等工程教育要强化主动服务国家战略需求、主动服务行业企业需求的意识，确立以德为先、能力为重、全面发展的人才培养观念，创新高校与行业企业联合培养人才的机制，改革工程教育人才培养模式，提升学生的工程实践能力、创新能力和国际竞争力，构建布局合理、结构优化、类型多样、主动适应经济社会发展需要的、具有中国特色社会主义的现代高等工程教育体系，加快我国向工程教育强国迈进。为此，高等工程教育要在总结我国工程教育历史成就和借鉴国外成功经验的基础上，进一步解放思想，更新观念，深化改革，加快发展，明确我国工程教育改革发展的战略重点：

一是要更加重视工程教育服务国家发展战略。

二是要更加重视与工业界的密切合作。

三是要更加重视学生综合素质和社会责任感的培养。

四是要更加重视工程人才培养国际化。

2010年6月23日，教育部在天津召开"卓越工程师教育培养计划"启动会，联合高校、行业协（学）会及有关部门，共同实施"卓越工程师教育培养计划"，清华大学、天津大学、浙江大学、同济大学、四川大学等61所高校成为首批实施"卓越工程师教育培养计划"的试点高校。

2.3 我国工程教育的现状和卓越工程师教育培养计划的意义

目前我国工程教育的现状：①在工科院校内部。面向工程实践不足、人才培养模式单一；按照科学教育模式培养工程师、创新能力培养不足；工科教师队伍普遍缺乏工程实践经历。②在行业企业方面。大多数行业没有建立工程师执业资格制度；工程教育缺乏行业引导和支持；校企合作缺乏制度和法律保障；企业缺乏参与高校人才培养过程的积极性；工程师的社会认可度不够。这导致了工科毕业生缺乏实践能力和工程创新意识、专业面狭窄、所学知识跟不上行业发展、动手能力差、综合素质低下。因此，在工科院校强化工程实践教育迫在眉睫。

卓越工程师教育培养计划的意义：

（1）启动"卓越工程师教育培养计划"，加紧培养一批创新性强、能够适应经济和社会发展需求的各类工程科技人才，着力解决高等工程教育中的实践性和创新性问题，提高科技创新能力，这对于加快经济发展方式的转变、实现未来我国经济社会的持续发展具有重要意义。

（2）实施"卓越工程师教育培养计划"，努力造就一支规模宏大、素质优良、结构合理、活力旺盛，既能满足中国经济社会发展需要，又能参与国际竞争的人才大军，为实现新世纪我国经济社会发展的宏伟目标提供了坚强有力的人才保证。

2.4 卓越工程师教育培养计划的实施

1. 卓越工程师教育培养计划的实施基本原则

坚持"行业指导、校企合作、分类实施、形式多样"的原则。联合有关部门和单位制定相关的配套支持政策，提出行业领域人才培养需求，指导高校和企业在本行业领域实施"卓越工程师教育培养计划"。支持不同类型的高校参与"卓越工程师教育培养计划"，高校在工程型人才培养类型上各有侧重。参与"卓越工程师教育培养计划"的高校和企业通过校企合作途径联合培养人才，要充分考虑行业的多样性和对工程型人才需求的多样性，采取多种方式培养工程师后备人才。

2. 卓越工程师教育培养计划的实施内容

一是创立高校与行业企业联合培养人才的新机制。企业由单纯的用人单位变为联合培养单位，高校和企业共同设计培养目标，制订培养方案，共同实施培养过程。

二是以强化工程能力与创新能力为重点改革人才培养模式。大力改革课程体系和教学形式，在企业设立一批国家级、省级"工程实践教育中心"，学生长期在企业实习，在工程实践中"真刀真枪"进行岗位实习和毕业设计，全面培养工程实践能力。

三是改革完善工程教师职务聘任、考核制度。建立高水平工程教育师资队伍。高校有计划地选送教师到企业工程岗位进行工程实践锻炼，积累工程实践经验；从企业聘请具有丰富经验的工程技术人员和管理人员担任兼职教师，承担教学任务，承担学生培养任务。把教师的工程培训经历、工程项目设计、产学研合作成果、专利和技术服务等内容纳入对工科专业教师的职务聘任与考核体系中。

四是扩大工程教育的对外开放。依托国家留学基金或学校基金,优先支持师生开展国际交流和海外企业实习;推动工程教育向基础教育阶段延伸。

五是教育界与工业界联合制定人才培养标准。教育部与中国工程院联合制定通用标准;在通过标准指导下,教育界与行业部门联合制定行业标准;以行业标准为基础,高校制定各工程专业具体的、可落实的、可评估的学校标准。高校按标准培养人才,评价卓越工程师教育培养计划的人才培养质量。

在实施"卓越工程师教育培养计划"的过程中,要有大工程观,关注大工程问题,要建立校企战略联盟、加强学科交叉、加强国际合作,造就一批10年或15年以后能站在学科、专业、业界最前沿的工程人才。

3. 卓越工程师教育培养计划的实施领域

"卓越工程师教育培养计划"实施的专业包括传统产业和战略性新兴产业的相关专业。要特别重视国家产业结构调整和发展战略性新兴产业的人才需求,适度超前培养人才。"卓越工程师教育培养计划"实施的层次包括工科的本科生、硕士研究生、博士研究生三个层次,培养现场工程师、设计开发工程师和研究型工程师等多种类型的工程师后备人才。

2.5 无机材料专业卓越工程师教育培养计划

当前,我国部分高等学校无机材料专业已陆续开始实施"卓越工程师教育培养计划",高校以各自材料类专业的特色、办学条件、师资力量和办学质量为基础,针对社会用人单位对材料工程师需求的特点,企业深度参与,联合培养无机材料"卓越工程师教育培养计划"工学学士,为我国无机材料行业输送优秀的材料工程师。

无机材料"卓越工程师教育培养计划"的学生主要学习材料科学与工程方面的基础理论和基本知识,掌握材料的制备、组成、组织结构与性能之间关系的基本规律,接受各种无机材料的制备、结构与性能检测分析、设计与开发的基本训练,掌握开发新材料、研究新工艺、提高和改善材料性能以及提高产品质量的基本能力。无机材料"卓越工程师教育培养计划"大学生的基本学制为本科4年,学生毕业后,既可从事无机材料领域的产品开发、生产及应用、工艺设计及控制、新技术开发及工程服务等方面的工作,也可承担企业管理、生产技术管理及企业市场经营等工作,部分优秀学生还可以直接免试攻读材料工程专业硕士学位或材料学工学硕士学位。

在无机材料"卓越工程师教育培养计划"中,一般采取3+1校企联合培养模式，即 3 年在校学习，累计 1 年与企业联合培养，在企业学习阶段，实行"双导师"制。3 年学校学习的主要任务是着重进行工科基础教育，1 年企业培养的主要任务是进行工程实践的培养，主要任务是学习企业的先进技术、先进设备和先进企业文化，增强大学毕业生对企业的适应能力。

企业实习阶段的课程设置可包括认识实习、生产实习（含专业实习、岗位实习）、毕业设计（毕业实习）。学生在实习过程中，积极参与企业生产、技术、安全、管理、质量、安全、环保等工作的分析研讨、处理解决等工作，积极参与企业的技术改造、设备改造、技术攻关和工程项目。根据企业安排，学生可进行分组、分环节岗位交换等方式实习。

企业对实习学生视为岗位职工，采用统一标准严格管理，统一考核，使学生真正感受到企业与学校的区别，加快从学生向企业人的转变。学生根据实习工作性质的不同，需按要求记录实习期间的工作情况，包括岗位基本情况、考勤、工作周记、业务报告、成果记录、答辩材料、汇总报告等各方面内容，并附相关证明材料。企业按员工的考核方式，如出勤率、工作态度、合作态度、遵守企业管理制度、现场考核等内容对实习学生进行考核，学校则根据学生的实习报告、实习总结、企业评分等级、遵守学校管理制度情况等方面对学生进行综合评价。

毕业实习（毕业设计）采取多样化的方式进行，学生可以根据他们在企业实践中发现的工程实际问题进行研究，也可以根据校企导师提出的研发课题进行研究。毕业实习论文选题必须是具有一定挑战性和实际意义的工程项目设计或者研发，不做纯理论基础研究和理论模拟论文课题。企业毕业实习的目的在于培养和加强学生的工程设计能力。企业毕业实习的论文字数和格式、英文文献翻译等要求不低于学校毕业论文的基本要求。企业毕业实习完成的论文需递交不少于 3 位校企专家联合组成的答辩小组进行论文审查，通过后方可完成毕业环节，获得学分。

企业实习是无机材料专业"卓越工程师培养教育计划"不可或缺的必修环节。学生通过企业实习，加深对无机材料制造、生产、研发等环节所涉及原理、知识的掌握和理解，巩固专业基础理论知识，提高分析专业综合问题的能力；通过在岗位中对实际问题的分析、处理过程，提高实际操作和综合运用知识、解决实际工程问题的能力。

企业实习既是培养学生创新意识和实践能力的切入点，也是学生认识社会和了解事业发展的有效途径。通过实习，学生的能力在"真刀真枪"的实际工作中得到检验，并明确自己与企业岗位的差距以及自己与职业理想的差距，只有通过不断发现差距、弥补不足的过程，当代大学生才能不断充实和完善自身知识结构，培养自我教育、自我管理和自我发展的能力，锻炼适应能力和社交能力，从而积累社会阅历和工作经验，走出成功就业的第一步，为国家和社会作出应有的贡献。

第 3 章 无机材料生产工艺

无机材料是以某些元素的氧化物、碳化物、氮化物、卤素化合物、硼化物以及硅酸盐、铝酸盐、磷酸盐等物质组成的材料，是除有机高分子材料和金属材料以外的所有材料的统称，是与有机高分子材料和金属材料并列的三大材料之一。

本章主要描述陶瓷、耐火材料、玻璃、玻璃纤维、水泥、碳素材料、粉体材料、金属陶瓷等无机材料产品的生产工艺过程。各类无机材料的生产工艺不尽相同，但它们通常都包含原料制备（备料、配料、混料、磨料）、成型、热处理（烧成或熔制）等过程。

原料制备工艺部分：学生实习应熟悉各种原料的基本性质及选用原则；了解原料的种类、储存方式；熟悉原料处理过程的工艺要求、使用设备的类型、规格及其工作原理等。

成型工艺部分：学生应熟悉产品的成型方法、工艺要求、设备类型及其工作原理，了解产品成型新技术的应用、成型过程中的生产管理方法等。

热处理工艺部分：学生应熟悉主要热工设备的种类、工作原理、主要结构特征及性能、工艺操作基本要求；了解评价热工设备的主要经济技术指标、设备主要工艺参数的测量与控制方法、新技术在产品热处理过程中的应用等。

3.1 陶瓷的生产工艺

什么是陶瓷？陶瓷是把黏土原料、瘠性原料及溶剂原料经过原料粉碎、浆料制备、坯体成型及高温烧结等工艺制备而成的致密化产品。传统陶瓷是日用、建筑、卫生、装饰和艺术类材料制品，需求量巨大。新型陶瓷（特种陶瓷、先进陶瓷）分为结构陶瓷和功能陶瓷两大类：前者主要展现出高稳定性和优异的机械性能，如氧化物陶瓷 Al_2O_3、MgO、ZrO_2 以及非氧化物陶瓷 SiC、TiC、Si_3N_4 等；后者主要展现电、磁、声、光、热、生物等方面的优异性能，如铁电陶瓷 $BaTiO_3$、光学陶瓷 $Y_3Al_5O_{12}$、磁性陶瓷 $NiFe_2O_4$、生物陶瓷 $Ca_{10}(PO_4)_6(OH)_2$、敏感陶瓷 ZnO、电介质陶瓷 TiO_2、导电陶瓷 $LaCrO_3$ 等。

本节分别以传统陶瓷——陶瓷瓷砖和新型陶瓷——$BaTiO_3$ 基 PTC 热敏电阻的生产为例描述陶瓷的生产工艺。

3.1.1 传统陶瓷的生产工艺——以陶瓷瓷砖为例

陶瓷瓷砖是以黏土和其他无机非金属为原料，经成型、干燥、烧成等工艺生产的板状或块状陶瓷制品,用于装饰与保护建筑物、构筑物的墙面和地面。

陶瓷瓷砖的生产总工艺流程如图3-1所示。

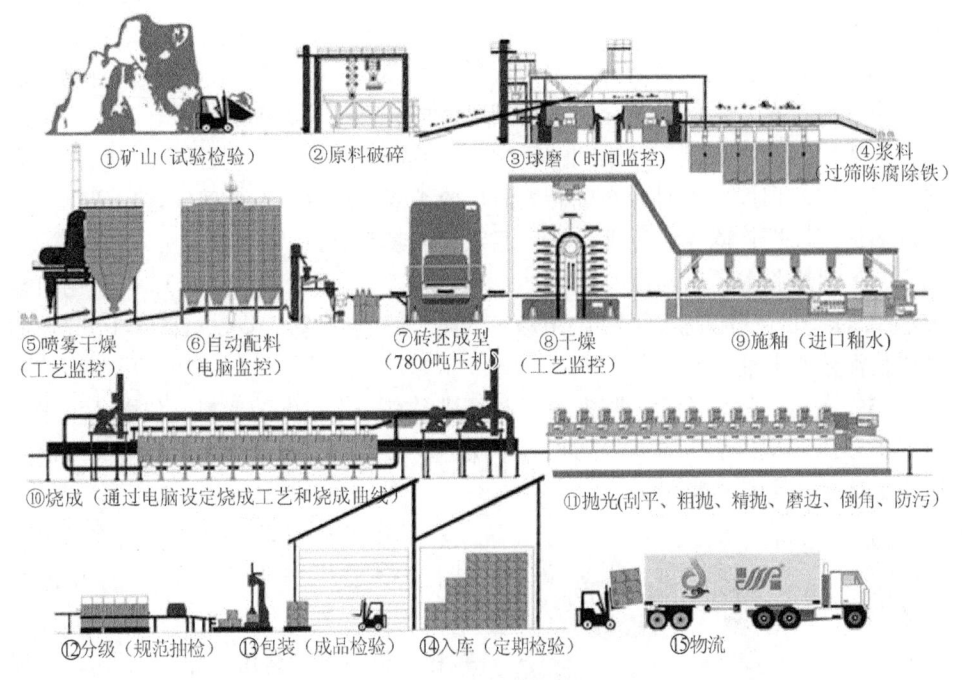

图3-1 陶瓷瓷砖的生产工艺

图片引自河南省荥阳市矿山机械制造厂网页 http://www.xkjq.net

上述工艺流程中重要工艺包括:

(1)选料:原材料进仓要经过检验,主要包括取样、烧失率、收缩率、吸水率等物理性能检测,并抽取部分粉料进行化学分析,检测原料中各种化学成分含量是否符合工厂的工艺技术要求。瓷砖生产原料主要包括基本泥料(如高岭石、石英砂、长石等)和化工原料(如各种颜料)。

(2)原料破碎:原料破碎的目的是使原料中的杂质易于分离;各种原料能够均匀混合,成型后的坯体致密;增大各种原料的表面积,高温固相反应更容易进行,降低烧成温度,节省原料,提高生产效率。可采用球磨工艺将原料磨细磨小,以备成型使用。球磨机(图3-2)是一种内装一定磨球(如铝球石)的旋转筒体。

图3-2 陶瓷瓷砖生产用球磨机外观图

图片引自红蜘蛛瓷砖网页 http://www.redspider.com.cn

筒体旋转带动磨球旋转，靠离心力和摩擦作用，将磨球带到一定高度，当离心力小于其自身重量时，磨球下落，撞击下部磨球或筒壁，介于其间的粉料将受到撞击或研磨。原料在这种挤压摩擦力下被磨细磨小。一般球磨时间越长，原料颗粒越细。

（3）过筛除铁：球磨后的泥浆是坯料细小颗粒与水、外加剂等的混合物，这些细小颗粒存在一定的粒度分布，过筛可使球磨时没有磨细的粗颗粒和一些杂质颗粒被排出，从而控制坯料的颗粒级配。多数情况下使用振动过筛。除铁是因为铁影响瓷砖的白度，而且会在瓷砖表面形成黑点、熔洞、杂质等缺陷，所以必须经过多道工序严格除铁。过筛除铁后泥浆放入浆料池。

（4）泥浆脱水：一般含水量较大时，约60%（质量分数，后同），可采用机械脱水（压滤机）使泥浆水分脱至20%~25%，或采用喷雾干燥法（图3-3）热风脱水，使泥浆水分脱至约8%。

（5）造粒：将细碎后的陶瓷粉料制备成具有一定粒度的坯料，使之适用于干压和半干压成型。造粒方式包括喷雾干燥、轮雾造粒、锤式打粉机造粒、辊筒式造粒、连续式造粒机造粒。

其中通过喷雾干燥实现泥浆脱水和造粒为陶瓷生产常用方法；泥浆由泥浆泵经管道送到雾化器被高压雾化成细小颗粒，再喷入喷雾塔（图3-3）内，由煤气燃烧而成热空气，经热空气交换器由上而下进入塔内。当液滴遇到从上而下的热空气时被蒸发成粉料，最后因自重沉到筒底，制成粉状颗粒。在喷雾造粒过程中，对粉料含水率的控制非常重要，粉料含水率的高低以及水分在粉料中分布的均匀程度都将对压制成型操作和砖坯质量产生直接影响。

图3-3　陶瓷瓷砖生产用喷雾塔外观图
图片引自广东摩德娜主页 http://www.modena.com.cn

（6）陈腐和真空练泥。

陈腐的原因及意义：球磨后的浆料放置一段时间后，流动性提高，性能改善；压滤的泥饼、水分和固相颗粒分布不均匀，含有大量空气，陈腐后水分均匀，可塑性强；造粒后的压制粉料，陈腐后水分更加均匀。

陈腐的作用机理：通过毛细管的作用，坯体中水分更加均匀；水和电解质的作用使黏土颗粒充分水化，发生离子交换，同时非可塑性物质转变为黏土，可塑性提高；有机物发酵腐烂可塑性提高；发生一些氧化还原反应生成气体，使泥料松散均匀。

真空练泥：压滤后的泥饼其水分、固体颗粒分布不均匀，颗粒定向排列，含大量的空气，阻碍坯料与水分润湿，使可塑性下降，弹性形变提高。经真空练泥后，组分均匀，收缩减小，干燥强度成倍提高。

（7）配料计算：常用的坯、釉料配料的计算方法有配料量表示法、化学组成表示法、实验式表示法和矿物组成表示法等。陶瓷坯料的质量要求是配料准确、组分均匀、细度合理、空气含量少。

（8）成型：成型是将制备好的坯料制成具有一定形状和大小的坯体的工艺过程。陶瓷的成型工艺可以分为压制成型、注浆成型等。

压制成型（模压成型、压缩成型）：将制备好的粉料送入压机工序，通过模具布料后，再对其粉料施加一定压力，这样粉料在模具型腔中被成型固化压制成砖坯。压制成型原料损失小、设备简单、生产效率高、产品尺寸精度好，适于批量生产。

陶瓷生产中并非压机的压力吨位越高，压制出来的砖就越好（图3-4）。一般而言，大规格瓷砖通过小吨位压机压制会造成瓷砖的致密性差、易分层等缺陷；而小规格瓷砖通过大吨位压机压成型会导致砖致密性太实，在烧成过程中气体挥发不出来形成针孔现象，还会导致变形等缺陷。

图3-4　（a）陶瓷瓷砖压机外观图；（b）大学生实习观摩压砖机工艺流程

图片（a）引自四川白塔新联兴陶瓷集团网页 http://www.chinabaita.com

压制成型加压方式分为单面、双面加压。压制成型添加剂包括减少粉料颗粒间及粉料与模壁的摩擦的润滑剂、增加粉料颗粒间的黏结作用的黏结剂和促进粉料颗粒间吸附、湿润或变形的表面活性剂。

注浆成型：基于多孔石膏模具能够吸收水分的物理特性，将陶瓷粉料配成具有流动性的泥浆，然后注入多孔模具内（主要为石膏模），水分被模具（石膏）吸入后便形成具有一定厚度的均匀泥层，脱水干燥过程中同时形成具有一定强度的坯体。注浆成型的特点为：适用性强，不需复杂的机械设备，只要简单的石膏模就可成型；能制出任意复杂外形和大型薄壁注件；成型技术容易掌握，生产成本低；坯体结构均匀。

（9）干燥：借热能使物料中水分（或溶剂）气化，并由惰性气体带走所生成的蒸气的过程。陶瓷生坯与干燥介质接触时，生坯表面的水首先气化，内部的水分借助扩散作用向表面移动，并在表面气化，然后干燥介质将气化的水带走。干燥速度取决于内部扩散速度和表面气化速度两个过程。陶瓷生产中，干燥一般利用热气体（烟气或热空气）的对流传热作用，将热传给坯体，使坯体内水分蒸发而干燥，干燥窑有室式、隧道式、链式、推板式。其他干燥方式还包括电、远红外等方式。

（10）施釉：在陶瓷坯体表面覆盖一层玻璃态物质。釉能够降低陶瓷表面粗糙度，提高陶瓷的力学性能、热学性能和电学性能，改善陶瓷的化学性能，增加陶瓷的装饰艺术效果。陶瓷施釉主要采用两种方式：喷釉和淋釉。喷釉是指用喷枪通过压缩空气使釉浆在压力作用下喷散成雾状，施在坯体表面；淋釉是指将釉浆抽入高位罐，通过釉槽和筛网格的缓冲作用，使釉浆通过光滑的钟罩，均匀如瀑布一样覆盖在坯体表面。喷釉表面呈颗粒状分布，表面耐磨性较好，能使砖面造成凹凸不平之感；淋釉能使砖面平整光滑，适合高度精细的图案印花或胶辊印花。

（11）窑炉烧成：烧成使陶瓷材料获得预期的显微结构，赋予材料各种性能。烧成过程就是将成型后的陶瓷坯体在特定的温度、压力、气氛下进行烧结，经过一系列物理、化学变化，得到具有特定晶相组成和显微结构的烧结体的工艺过程。烧成是陶瓷生产中的关键工序。瓷砖烧成一般采用大型辊道窑，辊道窑是连续烧成的窑，是以转动的辊子作为坯体运载工具的隧道窑（图3-5）。辊道窑一般截面较小，窑内温度均匀，适合快速烧成，但对辊子材质和安装技术要求较高，主要用于建筑卫生陶瓷制品的快速烧成。

图3-5 （a）陶瓷瓷砖烧成辊道窑外观图；（b）大学生实习观摩陶瓷砖烧成辊道窑

图片（a）引自四川白塔新联兴陶瓷集团网页 http://www.chinabaita.com

辊道窑的燃烧室在辊子的下方，采用压缩空气雾化重油、柴油、煤油等燃料进行燃烧，也可采用煤气发生炉所产煤气进行燃烧，进而产生高温。燃烧室与辊道之间有耐火材料隔离，火焰不直接接触被烧制的产品。

另外，由于陶瓷瓷砖在高温烧制时会产生液相，破坏辊棒，故可通过上砖底粉后再入窑烧成。瓷砖烧成温度不超过1250℃，通过电脑程序控制烧成温度区间和烧成曲线。

按瓷砖烧成工艺可分为一次烧成法和二次烧成法。

一次烧成是指干燥的生坯上釉以后，装入窑内，进行一次烧成。其特点为：坯体的完全玻化明显；釉与坯体结合好，坯与釉的中间层的形成通常能够增加产品的强度等；热损失少，节能且更经济。

二次烧成是指陶瓷坯体在施釉前后各进行一次高温处理的烧成方法，未上釉的生坯烧成称为素烧，素烧后的坯称为素坯，素坯施釉后的烧成称为釉烧。将未上釉的坯体经干燥后先进行一次素烧，然后施釉，施釉后再第二次烧成制品。其特点为：①通过素烧，有机物被氧化，结晶水被逸出，碳酸盐和硫酸盐在施釉前分解完成，有利于消除釉面桔釉、针孔、气泡、熔洞等缺陷；②增加坯体气孔，吸水率强，使低浓度挂釉成为可能，施釉速度快且吸釉均匀，釉面平滑光润，并且釉可一次烧成；③提高坯体强度，不但可以提高施釉和装匣、装车速度，而且在坯体的运转中可以大大提高机械化程度，节约人工；④坯体素烧后，可以发现半成品的很多质量缺陷，便于拣选剔除不合格产品，提高成品合格率。

无论采用一次烧成或二次烧成，对产品质量都没有决定性的影响。烧成温度与控制、原料、釉料种类与质量、添加剂特性、质量控制等因素都会影响陶瓷产品的最终品质。

3.1.2 新型陶瓷的生产工艺——以 $BaTiO_3$ 基 PTC 热敏电阻为例

相对传统陶瓷使用的矿物类原料，新型陶瓷的制备和生产大量使用各种氧化物、复合氧化物、氮化物、碳化物、硼化物等原料，如 Al_2O_3、TiO_2、Fe_2O_3、SiC、Si_3N_4 等，原料纯度高，质量稳定。

下面以功能陶瓷——$BaTiO_3$ 基 PTC 热敏电阻为例介绍新型陶瓷的生产工艺。

热敏电阻包括正温度系数（PTC）和负温度系数（NTC）热敏电阻，以及临界温度（CTR）热敏电阻。PTC 热敏电阻是正温度系数电阻，这种电阻体在较低温度时处于低阻态，但当温度在某一温度（称为居里温度）以上时，其自身电阻急剧上升3~8个数量级，电阻体具有较大的温度系数，可应用于温度补偿、过流保护、过热保护、自控加热、电动机启动、彩电消磁等。

该材料是以 $BaTiO_3$（或 $SrTiO_3$、$PbTiO_3$）为主要成分的烧结体，其中掺入微量的 Nb、Ta、Bi、Sb、Y、La 等氧化物进行原子价控制而使之半导体化，常将这种半导体化的 BaTiO$_3$ 等材料称为半导（体）瓷。同时添加增大其正温度系数的 Mn、Fe、Cu、Cr 的氧化物和起其他作用的添加物，采用一般陶瓷工艺成型、高温烧结而使钛酸钡等及其固溶体半导体化，从而得到正温度特性的 PTC 热敏电阻材料，其温度系数及居里温度随组分及烧结条件（尤其是冷却温度）不同而变化。

BaTiO$_3$ 基 PTC 热敏电阻基本工艺流程如图 3-6 所示。

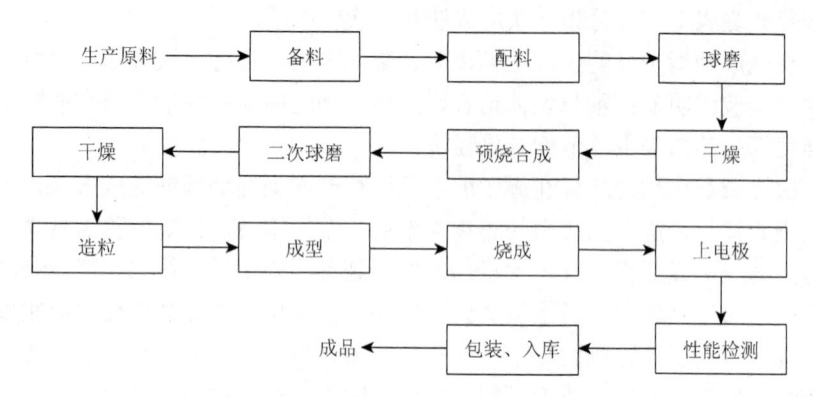

图 3-6 BaTiO$_3$ 基 PTC 热敏电阻的生产工艺框图

上述工艺流程中重要工艺包括：

（1）配料：生产工艺一般采用固相合成法工艺，该方法具有生产设备比较简单、产品的质量较容易控制、投资较小和经济效益好等优点。所用的原料有 BaCO$_3$、SrCO$_3$、Pb$_3$O$_4$、TiO$_2$、Nb$_2$O$_5$、MnCO$_3$、SiO$_2$ 等粉体，纯度一般应在 99.5%以上。原料的纯度、所含杂质的种类及含量、原料的化学活性等都对产品的最终性能产生非常大的影响。

（2）球磨、干燥：将称好的几种原料粉、磨球、纯水装入球磨机中球磨粉碎、混匀。球磨机原理同 3.1.1 节所述。球磨好的原料可以直接放入烘箱内烘干，也可采用过滤、离心分离、真空抽滤等方法去水后再烘干。

（3）预烧合成：将混合好的原料放入高温炉中进行反应，形成均匀的固溶体。固溶体的通式为（Ba$_x$Sr$_y$Pb$_z$）TiO$_3$，其中 $x+y+z=1$，固相合成的温度根据材料和配比选择为 1000～1250℃，保温时间 2～4h。

（4）二次球磨：固相合成后，物料结成块，并且有一定的晶粒长大，需要进行球磨粉碎，以利于烧成（图 3-7）。

（5）造粒：通常希望得到超细的原料颗粒，但粉料越细，比表面积越大，流动性越差，成本也会增大。常采用造粒工艺将细粉料加工形成较大颗粒状物料的工艺以解决上述问题。生产中在物料中加入黏合剂（如聚乙烯醇 PVA 的水溶液）或其他添加剂，通过喷雾干燥法将物料造粒，即将带有黏合剂的粉料用喷雾器喷入造粒塔中进行雾化，塔中的雾滴被塔中热气流干燥成颗粒状粉体，然后从干燥塔底部卸出。这种粉料具有较好的流动性与压延性，在后续压片工序中可以得到具有较好强度、不易分层开裂的元件（图3-8）。

图 3-7　粉料球磨示意图

图 3-8　喷雾造粒示意图

(6) 成型：生产中一般采用干压成型压制片状元件，在压制过程中希望生坯内部致密、分布均匀，否则会造成烧成时局部晶粒异常长大。干压成型工艺包括填充模具、压模、压实、脱模四个步骤，可通过保压过程使压力均匀，有时还需添加适量润滑剂（图3-9）。生产上采用多冲旋转式压片机进行压片，可实现自动旋转、连续压片（图3-10）。

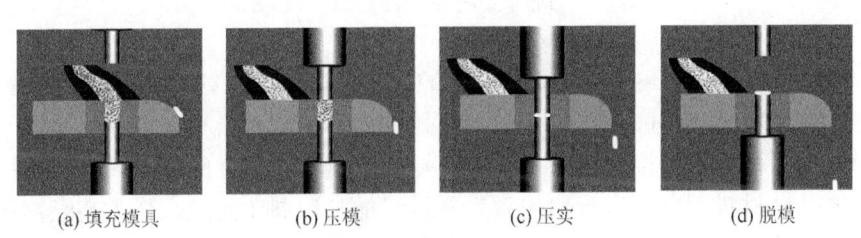

(a) 填充模具　　(b) 压模　　(c) 压实　　(d) 脱模

图 3-9　压片机工作示意图

图片引自吉首市中湘制药机械厂网页 http://www.iyapianji.com

(7) 烧成：将成型后的坯体放入高温炉中，在一定烧成制度和气氛下进行烧成，获得所需特性的 PTC 半导体陶瓷。生产中可采用隧道式推板电窑，通常的烧结温度为 1250～1350℃，升温速度 100～300℃/h（图3-11）。PTC 陶瓷对烧结温度十分敏感，烧结温度需严格控制。

(8) 上电极：用陶瓷制作的电子元件必须有电极，电极用于消除接触电阻。对于 PTC 陶瓷，要使陶瓷和金属电极之间形成欧姆接触，通常可使用镀 Ni 电极、银浆电极、In-Ga 电极及铝电极。非欧姆接触电极的 PTC 具有整流特性。PTC 陶瓷元件的耐电压性能和耐久性（老化）在很大程度上取决于电极。

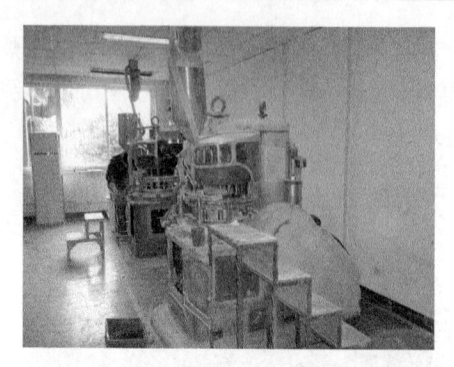

图 3-10　旋转式压片机进行压片成型　　图 3-11　隧道式推板电窑进行固相反应及烧成

化学镀镍是广泛应用的 PTC 热敏电阻上电极手段；化学镀镍液通常由镍盐、还原剂、络合剂、稳定剂、缓冲剂等组成。镍盐是镀液中的主要成分，一般使用硫酸镍和氯化镍；化学沉积镍实际上是一个氧化还原过程，通常使用的还原剂为次亚磷酸盐，其用量取决于镍盐的浓度；镀液中的络合剂如丁二酸、羟基乙酸、乙酸及其盐类，起到稳定二价镍离子、避免镀液分解、抑制沉淀生成的作用。化学沉积镍的主要工艺为清洗去油—超声清洗—敏化、活化处理—次亚磷酸钠溶液中预镀—施镀—热处理。

3.2　耐火材料的生产工艺

耐火材料是一种耐火度不低于 1580℃，具有较好的抗热冲击和化学侵蚀能力、导热系数低及热膨胀系数低的无机材料。耐火度是指材料在高温作用下达到特定软化程度时的温度，它标志材料抵抗高温作用的性能。耐火材料是高温技术的基础材料，主要以天然矿石为原料经加工后制造而成，作为高温窑炉等热工设备的结构材料以及工业用高温容器和部件的材料，并能承受相应的物理化学变化及机械作用等，广泛应用于冶金、化工、石油、机械制造、硅酸盐等工业领域。

耐火材料分为定形耐火材料（如耐火砖，具有一定形状）和不定形耐火材料（如耐火浇注料，无一定形状，按所要求形状施工用材料）。本节以耐火砖为例介绍耐火材料的基本生产工艺过程（图 3-12）。

上述工艺流程中重要工艺包括：

（1）原料的加工处理：原料的煅烧和拣选分级实际上已经在矿业公司进行了，但在耐火材料生产企业，这两项加工工序通常也会设置。耐火材料原料一般是铝矾土、硅石、菱镁矿、白云石等天然矿石。煅烧后的熟料能保证烧成制品的尺寸准确性；有利于改善制品矿物组成和显微结构，保证制品使用性能；有利于缩短

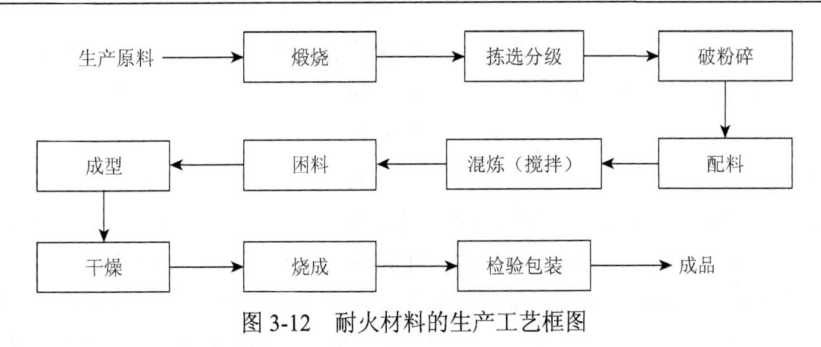

第3章 无机材料生产工艺

```
生产原料 → 煅烧 → 拣选分级 → 破粉碎
                                ↓
成型 ← 困料 ← 混炼（搅拌） ← 配料
 ↓
干燥 → 烧成 → 检验包装 → 成品
```

图3-12 耐火材料的生产工艺框图

烧成周期，提高生产效率和产品合格率。拣选分级根据熟料外观颜色、有无明显杂质、密度、致密度等情况进行人工拣选，以保证原料的质量。

（2）破粉碎：天然矿物原料尺寸颗粒大且粒度不均匀，原料只有被破粉碎到一定细度后，才可能混合均匀，以提高原料的反应活性，促进固相反应，降低烧成温度，保证制品组织结构的均匀性，只有适当粒度的原料才能保证制品的成型密度。原料的粗碎从约300mm破碎到50～70mm，采用颚式破碎机；中碎破碎到3～5mm，采用圆锥破碎机或对辊破碎机；细碎到0.1～10mm，采用圆锥破碎机；粉碎到小于0.088mm，采用连续式筒磨机或球磨机（图3-13）。在破粉碎工序中要注意防尘、隔音。工程实际中，耐火粉料都是由不同粒度原料颗粒组成的多分散颗粒系统。

(a)　　　　　　　　　　　(b)

图3-13 大学生实习观摩耐火材料生产颚式破碎机（a）和连续式筒磨机（b）

（3）坯料的制备：配料、混炼、困料工序。配料为按规定组成比例配合各种原料，以及按不同颗粒粒径配合同一原料的粉料。配料的化学组成必须能满足制品的要求，并且应比制品指标要求高些，在配料中还应含有结合成分，使坯料具有足够的结合性。混炼工序使两种以上的不均匀物料成分和颗粒均匀化，促进颗粒接触和塑化，混炼伴随对物料的挤压、捏合和排气过程。混炼时的加料顺序为：通常先加入粗颗粒料，然后加水或泥浆、纸浆废液，混合1～2min后，再加细粉，若粗细颗粒同时加入，易出现细粉集中成小泥团及"白料"。困料为将混炼后的坯料在一定温度和湿度环境下储放一段时间，使坯料中的水分分布更加均匀，进而提高坯料的结合性及可塑性，改善其成型性能。

（4）成型：耐火粉料借助外力和模型，成为具有一定尺寸、形状和强度的坯体或制品。按坯料含水量的多少，成型方法可分三种：半干法——坯料水分5%左右；可塑法——坯料水分15%左右；注浆法——坯料水分40%左右。块状耐火砖采用摩擦压砖机通过半干法制备。压制过程中，借助于压力的作用使坯料颗粒重新分布，在机械结合力、静电引力以及摩擦力的作用下，坯料颗粒紧密结合，发生弹性和脆性形变，空气排出，坯料颗粒结合成具有一定尺寸、形状和一定强度的制品。摩擦压砖机是一种采用摩擦传动，以冲击加压方式压制砖坯的成型设备，其结构简单、易于操作、所压砖坯质量好，是耐火材料及陶瓷等工业的主要成型设备（图3-14）。

图3-14 摩擦压砖机进行耐火材料成型

（5）干燥：通过干燥可降低砖坯含水率、提高坯体机械强度，有利于装窑操作并保证烧结顺利进行。坯体中的水分主要分为结晶水（结构水）、吸附水和自由水，通过干燥可完全排除自由水和部分吸附于物料颗粒毛细管中的吸附水。耐火砖的干燥采用隧道式干燥窑。控制的干燥条件包括干燥周期、干燥温度、相对湿度以及干燥后的含水率。

（6）烧成：通过烧成使各化学组分发生一系列物理化学变化，坯体逐渐致密化，形成一定尺寸、形状和强度的制品。烧成的制品形成了稳定的组织结构和矿物组成，从而具有所要求的高温使用性能。耐火材料的烧成大致包括以下阶段：①干燥残余水分的排出（～200℃），此阶段气孔率增大，但不涉及化学变化；②氧化分解阶段（200～1000℃），涉及大量物理化学反应，如结晶水排出、碳酸盐和硫酸盐分解、碳素和有机物的氧化、晶形转变、出现液相，此阶段气孔率增大、失重明显；③液相及耐火相形成阶段（1000℃以上），部分分解反应继续进行，液相不断增多、黏度降低、耐火相开始大量形成，并伴有溶解重结晶现象，此阶段致密度提高、体积收缩、气孔率下降、强度增大；④烧结阶段，坯体中各种反应趋于完全、充分，液相数量进一步增大，晶粒长大，气孔进一步变小、消失，这是致密化最重要的过程，这个阶段实际上伴随耐火矿物的生成，烧结过程已经开始；⑤冷却阶段，发生耐火相的析晶、生长，晶相晶形转变，液相冷凝玻璃化。

耐火砖的烧成采用大型隧道烧结窑进行，隧道窑是一种连续式、自动化、机械化程度高的烧结窑,生产能力大,热效率高(图 3-15)。隧道窑的主体为一条类似铁路隧道的长通道。通常两侧用耐火材料和保温材料砌成窑墙,上部为由耐火材料和保温材料砌筑的窑顶,下部为由沿窑内轧道移动的窑车构成的窑底。隧道窑属于逆流操作的热工设备,沿窑的长度方向分为预热、烧成、冷却三带。制品与气流依相反方向运动,在三带中依次完成制品的预热、烧成、冷却过程。隧道窑两端设有窑门,每隔一定时间将装好制品(砖坯)的窑车推入一辆,同时装有已烧成制品的窑车顶出一辆。窑车进入预热带后,车上制品首先与来自烧成带的燃烧废气接触并被加热,而后随窑车移动进入烧成带,借助燃料燃烧放出的大量热达到烧成最高温度,并经过一定保温时间后制品被烧成。烧成制品至冷却带,与鼓入的大量空气相遇,制品被冷却后出窑。

图 3-15　大学生实习耐火砖的烧成——隧道窑

耐火制品的烧成制度包括升温速度、最高烧成温度、保温时间、冷却速度和烧成气氛等。升温速度或冷却速度的允许值取决于坯料承受的应力。最高烧成温度由原料的性质和对制品性能要求决定。保温时间在保证制品充分烧结下尽量缩短。气氛分为氧化、还原和中性三种。

烧成后的制品需要进行拣选和理化性能的测试:外观拣选,化学成分及显微组织结构分析,物理性能测定,制品在酸、碱、盐、金属、玻璃及气体等各种化学环境中的化学稳定性检测。往往根据不同制品的不同用途采用特殊手段或模拟试验的方法来测定和判断,不符合标准的项目应从制造过程中追溯。

3.3　玻璃的生产工艺

玻璃是高温下熔融形成连续网络结构,冷却过程中黏度逐渐增大并硬化而不结晶,室温下保持熔体结构的非晶态固体。玻璃通常按主要成分分为氧化物玻璃和非氧化物玻璃。氧化物玻璃又分为硅酸盐玻璃、硼酸盐玻璃、磷酸盐玻璃等。其中,硅酸盐玻璃是指基本成分为 SiO_2 的玻璃,其品种多、用量大、广泛用作建筑材料。通常按玻璃中 SiO_2 以及碱金属、碱土金属氧化物的不同含量，又分为石英玻璃、高硅氧玻璃、钠钙玻璃、铅硅酸盐玻璃、铝硅酸盐玻璃、硼硅酸盐玻璃等。

玻璃的一般制备工艺如图 3-16 所示。

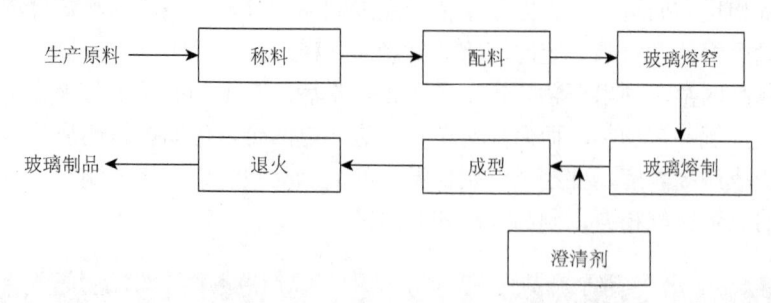

生产原料 → 称料 → 配料 → 玻璃熔窑 → 玻璃熔制 ← 澄清剂
玻璃制品 ← 退火 ← 成型 ← 玻璃熔制

图 3-16 硅酸盐玻璃生产的生产工艺框图

上述工艺中的重要工艺包括：

（1）原料及配料：玻璃的主要原料有石英砂、石灰石、长石、纯碱、硼酸等。辅助原料主要是澄清剂、着色剂、脱色剂、碎玻璃等。澄清剂是玻璃生产重要的辅助料，它们高温时能气化或分解放出气体，以促进排除玻璃液中的气泡。常见的澄清剂包括变价氧化物类（如 As_2O_3、CeO_2 等）、硫酸盐类（如 Na_2SO_4 等）、卤化物类（如 NaCl、CaF_2 等）及复合澄清剂。回收碎玻璃重熔有利于配合料的熔化、澄清，有利于资源的循环利用、节能降耗、提高产能、降低成本。

原料的加工包括原料的干燥、破碎和粉碎、筛分、除铁、运输和存储。

配料：按照设计好的料方单，将各种原料称量后在混料机内混合均匀。

（2）熔制：将配好的原料经过高温加热，形成均匀的无气泡的玻璃液。这是一个很复杂的物理、化学反应过程。熔制过程与产品的产量、质量、成品率、能耗、窑炉寿命等关系密切。玻璃的熔制过程分为 5 个阶段：①硅酸盐的形成，配合料变成了由硅酸盐和石英砂组成的烧结物，对普通钠钙硅玻璃而言，这一阶段在 800～900℃结束；②玻璃液的形成，已形成的硅酸盐与石英砂相互扩散并溶解，变成透明体，但不均匀，有大量气泡，性质不均匀，对普通的钠钙硅玻璃而言，此阶段结束于约 1200℃；③玻璃液的澄清，玻璃液中的气泡长大后上升到液面而排除的过程，是玻璃熔制过程中极为重要的一环，对普通硅酸盐玻璃而言，澄清阶段的温度为 1400～1500℃；④玻璃液的均化，当玻璃液长期处于高温时，其化学组成逐渐趋向均匀，玻璃液中的条纹由于扩散、溶解而消除，普通钠钙硅玻璃的均化温度低于澄清温度；⑤玻璃液的冷却，将已澄清并均化的玻璃液降温，使之具有适合成型所需的黏度。

玻璃熔制在熔窑内进行。玻璃熔窑主要有两种类型：一种是坩埚窑，玻璃料盛在坩埚内，在坩埚外面加热（图 3-17）。坩埚窑中玻璃熔制的各阶段在同一坩埚中随时间推移依次进行，窑内温度制度随时间推移变动。成型时，用人工从坩埚口取料，再进行吹制、压制、拉引、浇注等，也可以坩埚底供料，或将整坩埚移出取料。小的坩埚窑只放一个坩埚，大的可多到 20 个坩埚。坩埚窑是间歇式生产的，现在仅有光学玻璃和颜色玻璃采用坩埚窑生产。另一种是池窑，玻璃料在窑池内熔制，明火在玻璃液面上部加热（图 3-18）。玻璃的熔制温度大多为 1300~1600℃。现在，绝大多数池窑都是连续式的，小的池窑可以是几米，大的可以大到 400 多米。由于采用的热源不同，结构形式分为火焰熔窑、电熔窑和火焰-电熔窑。

图 3-17　玻璃坩埚窑　　　　　图 3-18　玻璃池窑实习

图片引自淄博隆泰窑业科技有限公司
网页 http://www.zbltyy.com

目前我国基本上采用火焰池窑生产玻璃。池窑构造由玻璃熔制、热源供给、余热回收、排烟供气四大部分组成。其中玻璃熔制部分，池窑窑体沿长度方向分成熔化部、冷却部和成型部，各个熔制阶段在窑的不同部位进行。各部位的温度制度是稳定的。配合料由投料口投入，在熔化部经历熔化和玻璃液澄清、均化的行进过程，转入冷却部进一步均化和冷却，最后进入成型部完成冷却均化，并将玻璃液控制在便于成型的温度范围内，使玻璃液成为制品的初坯。由于池窑靠近底部，玻璃液温度低而呈滞流状态，因此窑池玻璃液总容量大于作业玻璃量，连续作业的加料量与成型量保持平衡。熔化好的玻璃液采用连续机械化成型，池窑的规模以熔化部面积表示。连续式池窑容量大，相对散失热少，热效率明显高于坩埚窑，适于大批量高效率的连续性生产。

（3）成型：将熔制好的玻璃液转变成具有固定形状的固体制品。成型必须在一定温度范围内才能进行，这是一个冷却过程，玻璃首先由黏性液态转变为可塑态，再转变成脆性固态。成型方法可分为人工成型和机械成型两大类，人工成型劳动强度大，温度高，条件差，大部分已被机械成型取代。

玻璃的成型方法包括压制、吹制、拉制、压延、浇铸等方法。其中，压制法是指将熔制好的玻璃液注入模型，放上模环，将冲头压入，在冲头与模环和模型之间形成制品，该法形状精确，可制出外部花纹制品，如实心和空心的玻璃制品、玻璃砖、玻璃瓶、玻璃餐具等。吹制是指采用吹管或吹气头将玻璃液在模型中吹制成制品，机械吹制分为压制和吹制两个步骤，可生产广口瓶、小口瓶等空心制品。压延法指用金属辊将玻璃液在辊间或辊板间压延成板状制品，如生产厚的平板玻璃、压花玻璃、夹金属丝玻璃等。浇铸法指将熔制好的玻璃液注入模具中，经退火冷却、加工得到制品，可生产艺术装饰玻璃、大直径玻璃管、反应锅等。此外，平板玻璃的成型有垂直引上法、平拉法和浮法。其中，浮法成型平板玻璃是将玻璃液流漂浮在比它重的熔融金属（如锡）表面上并在其冷却硬化后加以保持，则能形成接近于抛光平面的平板玻璃，其主要优点是玻璃质量高（平整、光洁），拉引速度快，产量大。

（4）退火：玻璃在成型过程中经受了激烈的温度变化和形状变化，这种变化在玻璃中留下热应力，这种热应力会降低玻璃制品的强度和热稳定性，如果直接冷却，很可能在冷却过程中或以后的存放、运输和使用过程中自行破裂（俗称玻璃的冷爆）。为了消除冷爆现象，玻璃制品在成型后必须进行退火。退火就是将玻璃加热到低于玻璃化转变温度 T_g 的在某一温度范围内保温或缓慢降温一段时间，以消除或减少玻璃中热应力到允许值。玻璃退火窑分为间歇式、半连续式和连续式三种。

此外，某些玻璃制品为了增加其强度，可进行钢化处理。钢化包括：①物理钢化（淬火），用于较厚的玻璃杯、桌面玻璃、汽车挡风玻璃等；②化学钢化（离子交换），用于手表表蒙玻璃、航空玻璃等。钢化的原理是使用物理或化学的方法，在玻璃表面形成压应力，玻璃承受外力时首先抵消表层应力，从而提高了承载能力，增强玻璃自身抗风压性、寒暑性和冲击性等。

3.4 玻璃纤维的生产工艺

玻璃纤维（glass fiber）是一种性能优异的无机材料，种类繁多，优点是绝缘性好、耐热性强、抗腐蚀性好、机械强度高，缺点是性脆、耐磨性较差。它是以玻璃球或玻璃为原料经高温熔制、拉丝、络纱、织布等工艺制造成的，其单丝的直径为几微米到二十几米或微米，相当于一根头发丝的 1/20～1/5，每束纤维原丝都由数百根甚至上千根单丝组成。玻璃纤维通常用作复合材料中的增强材料、电绝缘材料、绝热保温材料以及电路基板等。

在一般人的观念中，玻璃为质硬易碎物体，并不适合作为结构用材，但若抽成丝后，其强度将大为增加且具有柔软性，故配合树脂赋予其形状以后可以使之成为优良的结构用材。玻璃纤维随其直径变小而强度增强。

玻璃纤维的主要成分为二氧化硅、氧化铝、氧化钙、氧化硼、氧化镁、氧化钠等，根据玻璃中碱含量的多少，可分为无碱玻璃纤维（氧化钠 0%～2%，属铝硼硅酸盐玻璃）、中碱玻璃纤维（氧化钠 8%～12%，属含硼或不含硼的钠钙硅酸盐玻璃）和高碱玻璃纤维（氧化钠 13%以上，属钠钙硅酸盐玻璃）。玻璃原料配方对玻璃纤维性质、品种具有决定性作用。

池窑拉丝是玻璃纤维生产的主流生产技术，池窑采用耐火材料作为窑体，以玻璃粉料为原料，经高温熔制形成玻璃溶液，排除气泡后经通路运送至多孔漏板，高速拉制成玻纤原丝。这种工艺工序简单、节能降耗、成型稳定、高效高产，便于大规模全自动化生产，成为国际主流的生产工艺，用该工艺生产的玻璃纤维占全球产量的 90%以上。其工艺流程图如图 3-19 和图 3-20 所示。

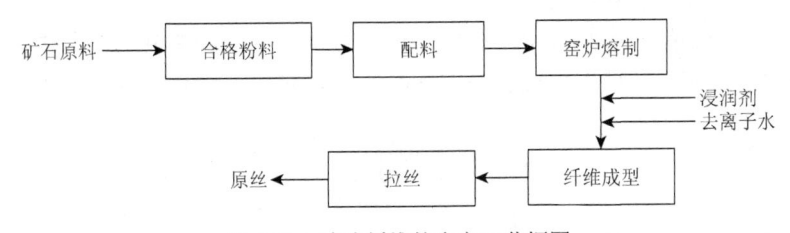

图 3-19　玻璃纤维的生产工艺框图

图 3-20　大学生实习玻璃纤维池窑拉丝工艺

上述工艺流程中从原料到窑炉熔制步骤与玻璃制备工艺基本一致，之后只有加入浸润剂才能进行后续工艺，并把脆性的玻璃变成柔性的玻璃纤维。浸润剂对玻璃纤维的制造具有至关重要的作用，玻璃纤维每一种产品都配有各自独特的浸润剂，各玻璃纤维企业均对自己的浸润剂配方讳莫如深，浸润剂是玻璃纤维复合材料的"黑匣子"技术之一。浸润剂的作用体现在以下五方面：①润滑、保护；②黏结、集束；③防玻纤表面静电积累；④为玻纤提供加工和应用特性；⑤使玻纤和基材具有良好的相容性及界面化学结合或化学吸附等性能。上述作用最终使玻璃纤维能够顺利生产和加工，从而具有理想的物理化学性能。

浸润剂主要由偶联剂、润滑剂、集束剂、抗静电剂等组成，其他辅助成分有pH调节剂、消泡剂、增塑剂、交联剂等，主要是依据不同要求而定。偶联剂的选择对最终制品的力学性能有很重要的影响，是关键成分之一。玻纤偶联剂主要是硅烷类偶联剂，实质上是一类具有有机官能团的硅烷，在其分子中同时具有能与无机质材料（如玻璃、硅砂等）化学结合的反应基团以及与有机质材料（合成树脂等）化学结合的反应基团，这些基团和不同的基体树脂均具有较强的反应能力。玻纤偶联剂能改善玻璃纤维和树脂的黏合性能，大大提高玻璃纤维增强复合材料的强度、电气、抗水、抗气候等性能，即使在湿态时，它对复合材料机械性能的提高效果也十分显著。目前国内用得较多的玻纤偶联剂品种是乙烯基硅烷、氨基硅烷、甲基丙烯酰氧基硅烷等。

玻璃纤维制品被广泛应用于国民经济的各个领域，其中电子、交通和建筑是最主要的三大应用领域，也代表了玻纤产业在未来几年的发展趋势。

3.5 水泥的生产工艺

水泥是无机材料的重要分支，是一种粉状水硬性无机胶凝材料。水泥加水搅拌后成浆体，能在空气中硬化或者在水中很好地硬化，并能把砂、石等材料牢固地胶结在一起，水泥广泛应用于土木建筑、水利、国防等工程。现代水泥工业已经发展了多品种、多用途的各类水硬性胶凝材料，如硅酸盐水泥、铝酸盐水泥、快硬水泥、抗硫酸盐水泥、硫铝酸盐水泥、氟铝酸盐水泥、铁铝酸盐水泥、低热水泥、油井水泥等。

凡由硅酸盐水泥熟料、0%～5%的石灰石或粒化高炉矿渣、适量石膏磨细制成的水硬性胶凝材料，称为硅酸盐水泥（波特兰水泥）。硅酸盐水泥熟料的主要氧化物含量范围为：CaO 62%～67%、SiO_2 20%～24%；Al_2O_3 4%～7%；Fe_2O_3 2.5%～6.0%；MgO、SO_3、TiO_2、P_2O_5、K_2O和Na_2O约5%。现以硅酸盐水泥的生产为例说明水泥的制备工艺。

硅酸盐水泥的生产通常涉及"两磨一烧"，即生料制备（一磨）、熟料煅烧（一烧）、水泥粉磨（二磨），如图3-21所示。

"两磨一烧"流程中的重要工艺包括：

（1）生料制备：主要任务是将原料经过一系列的加工过程后，制成具有一定细度、化学成分符合要求并且均匀的生料，使其符合煅烧要求。

石灰石（主要成分为$CaCO_3$）是水泥生产的主要原料，每生产1t熟料大约需要1.3t石灰石，生料中80%以上是石灰石。开采的石灰石原料粒度较大，硬度较

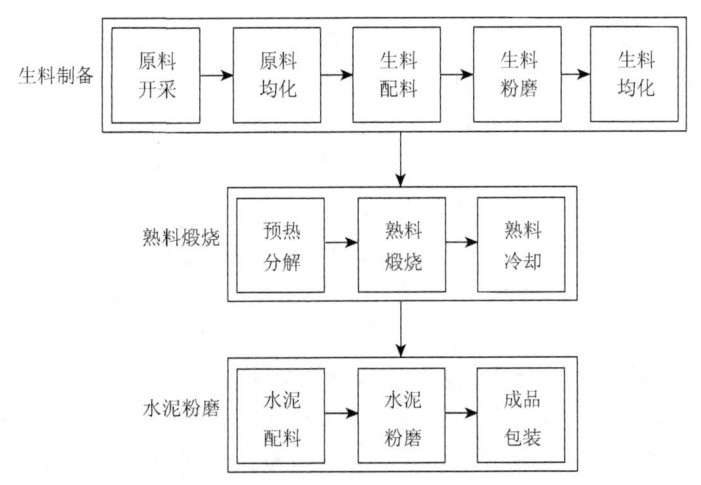

图 3-21 水泥的"两磨一烧"生产工艺框图

高,原料由板式喂料机喂入石灰石破碎机(单段锤式破碎)中破碎,经过破碎或锤击变成碎块,再由胶带输送机送至预均化堆场,由堆料机进行预均化及分层堆料。预均化技术就是在原料的存取过程中,运用科学的堆取料技术,实现原料的初步均化,使原料堆场同时具备储存与均化的功能。预均化后由刮板取料机取料,取出的原料由胶带输送机送至原料配料站等地。

水泥生产过程中,每生产 1t 硅酸盐水泥至少要粉磨 3t 物料(包括各种原料、燃料、熟料、混合料、石膏)。据统计,干法水泥生产线粉磨作业需要消耗的动力占全厂动力的 60%以上,其中生料粉磨占 30%以上,煤磨占约 3%,水泥粉磨约占 40%。粉料研磨使用球磨机或立磨机(立式粉磨机)(图 3-22),前者依靠钢球对材料进行研磨,后者则利用滚筒外泄的压力将通过的材料碾碎。

图 3-22 水泥球磨机(a)和水泥立磨机(b)

图片(a)引自巩义市永盛机械厂网页 http://www.ysqmj.com/;图片(b)引自新乡市长城机械有限公司网页 http://www.changchengjixie.com/

原料球磨机具有对物料适应性强、能连续生产、破碎比大、易于调整粉磨产品的细度等特点。它既能干法生产也可以湿法生产，也可以粉磨与烘干同时进行作业。与球磨机相比，立磨机具有以下特点：粉磨效率高；烘干能力大；入磨物料粒度大，大中型立磨可以省掉二级破碎；产品的化学成分稳定；颗粒级配均齐，产品粒度均齐，有利于煅烧；工艺流程简单；噪声低、扬尘少、操作环境清洁；金属损耗小，利用率高；使用经济。

新型干法水泥生产过程中，入窑的生料成分稳定是稳定熟料煅烧热工制度的前提，设置连续式生料均化库用于储存和均化生料。生料均化原理为：采用空气搅拌，因重力作用产生"漏斗效应"，使生料粉向下卸落时，尽量切割多层料面，充分混合。利用不同的流化空气，使库内平行料面发生大小不同的流化膨胀作用，有的区域卸料，有的区域流化，从而使库内料面产生倾斜，进行径向混合均化。

（2）熟料煅烧：主要任务是将生料在水泥窑内煅烧至部分熔融，得到以硅酸钙为主要成分的硅酸盐水泥熟料。生料粉经过预热器的换热和分解炉的预分解后，由五级旋风筒的下料管进入回转窑，在回转窑内经过高温烧成，然后经过窑口下落到篦式冷却机进行冷却后，将熟料冷却到环境温度+65℃，通过拉链机输送到熟料库和黄料库。在回转窑中碳酸盐进一步迅速分解并发生一系列的固相反应，生成水泥熟料中的矿物。随着物料温度升高，矿物会变成部分熔融态，物料溶解于液相中并进行反应，烧成为熟料。

在不同的温度带，物料发生的主要反应为：①干燥带，20~150℃，料浆水分蒸发，脱去物料中的自由水和黏土矿物的层间水；②预热带，150~600℃，黏土脱水并分解，脱去黏土矿物的结构水；③分解带，600~900℃，石灰石中碳酸镁、碳酸钙分解，形成铁酸二钙、铝酸一钙等；④放热反应带，900~1300℃，大量形成硅酸二钙、铁铝酸四钙、铝酸三钙；⑤烧成带，1300~1450℃，液相开始出现，形成硅酸三钙，游离氧化钙逐步消失，液相量达到20%~30%，三氧化二铝、三氧化二铁及其他成分进入液相，硅酸三钙、铁铝酸四钙重新结晶出来；⑥冷却带，1300~1000℃，硅酸二钙和硅酸三钙从液相析出结晶出来，部分液相冻结为玻璃体。冷却带的主要任务是使熟料迅速冷却，生成细小的主要矿物结晶和玻璃体。

水泥回转窑（图3-23）是煅烧水泥熟料的主要设备，回转窑的窑体与水平呈一定的倾斜角度，整个窑体由托轮装置支承，并有控制窑体上下窜动的挡轮装置，传动系统除设置主传动外，还设置了在主电源中断时仍能使窑体转动，防止窑体弯曲变形的辅助传动装置，窑头、窑尾具有密封装置。回转窑按加热方式可分为内加热和外加热两大类。内加热回转窑物料与火焰及烟气直接接触，可通过调节实现炉内氧化或还原气氛，筒体内壁砌筑耐火砖，头尾罩内衬为高强耐磨浇注料，头尾罩与筒体之间为柔性密封，可彻底杜绝扬尘及漏料，采取多挡支撑，筒体长度可达60m，最高使用温度可达1600℃，产量较大。外加热回转窑物料与火焰及烟气不直接接触，热源在加热炉与筒体之间，通过耐热钢筒壁传热加热物料，加热炉内衬为耐火纤维，可节能降耗。

受加热方式及筒体材质所限，一般筒体长度≤15m，加热温度≤1200℃，产量较小。水泥回转窑又分为干法窑和湿法窑两大类，湿法生产中的水泥窑称为湿法窑，湿法生产是将生料制成含水量为32%～40%、具有流动性的料浆，各原料之间混合好，生料成分均匀，使烧成的熟料质量高；干法生产将生料制成生料干粉，水分一般小于1%，原料混合不好，成分不均匀，但它比湿法减少了用于蒸发水分所需的热量，新型干法窑传热迅速，热效率高，单位容积较湿法水泥产量大，热耗低。

篦式冷却机（图3-24）是一种骤冷式冷却机，是水泥厂熟料烧成系统中的重要主机设备，其主要功能是对水泥熟料进行冷却、输送，同时为回转窑及分解炉等提供热空气，是烧成系统热回收的主要设备。熟料由回转窑进入冷却机后，在篦板上铺一定厚度的料层，鼓入的冷空气以相互垂直的方向穿过篦床上运动着的料层使熟料得以骤冷，可在数分钟内将熟料由1300～1400℃骤冷到100℃以下。

图3-23 水泥回转窑外观图
图片引自株洲火炬工程有限责任公司
网页http://www.zzhjgc.cn/

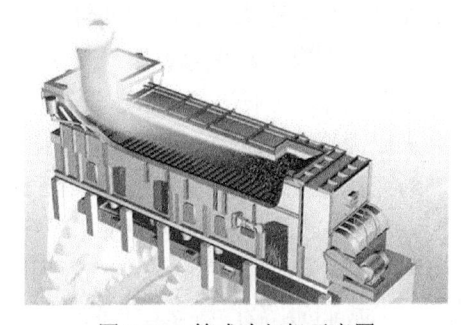

图3-24 篦式冷却机示意图
图片引自河南红星矿山设备机器有限公司
网页http://www.hxhongganji.com/

（3）水泥粉磨：主要任务是将熟料加适量石膏，有时还加一些混合材料或外加剂共同磨细为水泥。水泥粉磨工序通过水泥磨机将水泥配料（水泥熟料、胶凝剂、性能调节材料等）粉磨至适宜粒度，形成一定的颗粒级配，增大其水化面积，加速水化速度，满足水泥浆体凝结、硬化的要求。胶凝剂一般为经破碎（颚式破碎机）至25～30mm粒径的石膏。粉磨后的粉料经选粉机选出合格的细粉被气流带到收尘器内收集成品，不合格的粗粉重新粉磨。

3.6 碳素材料的生产工艺

碳素材料有良好的导电、导热性能，高温下机械强度良好、耐腐蚀性强，价格低廉，来源广泛。碳素材料是一种无机的非金属材料，分为以下4类。

第一类为石墨制品（人造石墨制品）。这类制品包括石墨电极、石墨阳极、石墨块以及国防工业及电子工业所用的高纯度和强度、高密度石墨等，这一类制品都是以石油焦和沥青焦为主要原料，最后经过2000℃以上的高温热处理，从而使无定形碳转化为石墨，这一类制品的共同特点是：含碳量在 99%以上，灰分一般不超过 0.5%，具有良好的导电性和良好的耐热性能，氧化开始温度比较高，导热系数也较高，耐腐蚀性能良好。

第二类为碳制品，是指成型后的毛坯只要经过 1300℃左右的焙烧（或称烧成）后即可使用的制品。例如，铝电解用的预焙阳极，冶炼镁的碳电阻棒（这两种产品以石油焦及沥青焦为原料），砌筑铝电解槽的底碳块和侧碳块，砌筑炼铁高炉或铁合金炉、电石炉用的高炉碳块和电炉碳块、碳电极等（以上以无烟煤及冶金焦为原料）。碳制品按使用原料的不同可以分为低灰分碳制品、预焙阳极、碳电阻棒、石墨碎生产的电极等。

第三类称为碳糊，这一类制品是原料（破碎后的无烟煤或焦炭颗粒）与黏结剂在加热下混合后的糊状物料在常压条件下，简单铸成块状或装入容器即可供使用的制品，按其用途可以分成两种：一种是作为连续自焙电极使用；另一种是用作砌碳块时的黏结和填缝材料。

第四类为特种石墨制品。这类制品包括核石墨、结构石墨和高纯石墨等。这类制品采用优质低灰原料，经高温石墨化和除灰处理后制成。其结构均匀细密，具有很高的纯度和较高的机械强度。可用于原子能反应堆、铸模、坩埚和光谱分析等。

碳素材料的基本工艺过程包括：原料的预处理（预碎、煅烧或烘干）；原料的破碎筛分和分级；颗粒状与粉状原料的配料；加入黏结剂并进行混捏；混捏后糊料成型；成型后生制品的焙烧；焙烧后半成品的石墨化；在要求提高产品的密度和强度时，还需要对焙烧坯进行浸渍再焙烧处理；最后一道工序为对碳和石墨毛坯进行机械加工。成品检验合格后，包装出厂。以石墨制品为例，其生产工艺流程如图 3-25 所示。

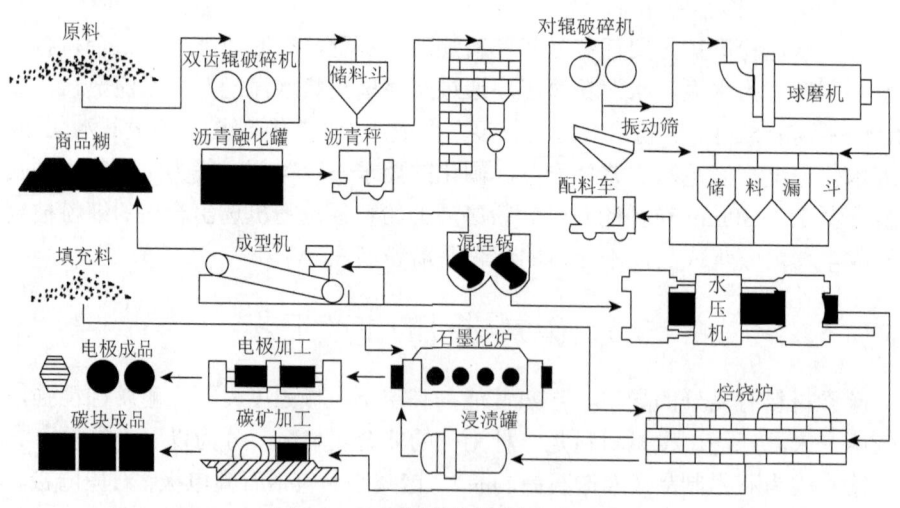

图 3-25 石墨制品材料的生产工艺

石墨制品原料的选用：通常采用的原料包括固体碳质原料、黏结剂及浸渍剂。固体碳质原料包括石油焦、沥青焦、冶金焦、无烟煤、天然石墨和石墨碎等；黏结剂和浸润剂包括煤沥青、煤焦油、蒽油和合成树脂等。此外，生产中还使用一些辅助物料，如石英砂、冶金焦粒和焦粉。

配料、混捏：需把不同粒度的碳质材料和不同种类的原料按配方要求准确地称量并通过混捏实现物料的均匀混合。用各种不同粒径的碳质颗粒料配合使用是为了减少制品的孔隙度，提高制品机械性能、导热性和导电性。各种原料的预处理包括煅烧、对辊破碎机粗碎、球磨机细碎等。煤沥青主要是由多环芳烃组成的复杂高分子聚合物，是碳素材料生产的主要黏结剂、浸润剂。当加热捏合时，黏结剂能浸润和渗透干料颗粒，把各种散料颗粒黏结在一起，并填满散料颗粒的开口气孔，形成质量均匀、有良好可塑性的糊料，以利于成型。在后期焙烧过程中，黏结剂的自身焦化生成黏结焦，把散料颗粒结合成坚固的整体。混捏：经过配料的各种碳素颗粒和黏结剂在一定温度下搅拌、混合、捏合成为混合均匀、密实度高的塑性糊料。碳素制品是多组分组成的均一结构体，混捏工艺越完善，制品的结构就越均匀，性能越稳定。混捏设备包括接力式混捏机、间歇式混捏机、连续式混捏机等。

成型：采用成型方式使混捏得到的糊料成为具有一定的形状和规格、一定的密度和强度的生坯。成型有挤压成型、振动成型和模压成型法。目前，企业多采用挤压成型法。挤压成型法是通过挤压机对装入料室的糊料施加压力，糊料不断密实和运动，最后通过挤压嘴挤出所需形状的制品。挤压成型法产品质量均匀、生产量大、生产效率高，适合生产长条形的棒状和管状制品。挤压常用设备有卧式挤压机、螺旋式挤压机。

焙烧：在加热炉内，压型后的生坯在隔绝空气和介质保护的条件下，按一定的升温速度进行加热的热处理过程。焙烧过程中，黏结剂煤沥青在骨料颗粒中形成焦炭网格，起到搭桥、加固作用。焙烧是一个复杂的过程，伴随着许多化学变化，焙烧后的碳素制品机械强度稳定，并能显著提高导热性、导电性和耐高温性。焙烧是影响碳素制品物理化学性能的关键工序，制定合理的焙烧温度曲线非常重要。焙烧炉是对成型的坯体进行焙烧热处理的热工设备，包括环式焙烧炉、倒焰窑、隧道窑、电气焙烧炉。环式焙烧炉是一种由若干个炉室首尾相连组合成的环形炉。环式焙烧炉产能大、能耗低、产品质量稳定，获得了广泛的应用，是应用最普遍的碳素焙烧炉。

浸渍：焙烧后的产品内部仍具有许多不规则且孔径大小不等的微小气孔。气孔的存在必然对产品的理化性能产生不利影响。浸渍是一种减少产品气孔度、提高密度、增加抗压强度、降低成品电阻率、改变产品的理化性能的工艺过程。浸渍在一定温度下和压力下，迫使液态浸渍剂（如油、石蜡或树脂）浸入制品的开口气孔中,以提高其体积密度和降低其渗透率。浸渍是改变碳素制品物理和化学性能的重要举措。

石墨化:石墨化是把焙烧制品置于石墨化炉内保护介质中加热到高温,使六角碳原子平面网格从二维空间的无序重叠转变为三维空间的有序重叠,且具有石墨结构的高温热处理过程。工业化的石墨化炉都是电热炉,按加热方式可分为外加热、内加热和间接加热(热能通过感应或辐射传递);按运行方式分为连续式和间歇式两种;按用电性质可分为直流电石墨化和交流电石墨化。工业生产所用的石墨化炉主要采用直接法,直接加热式石墨化炉有两种炉型(图3-26),一种为有电阻料的称为艾奇逊石墨化炉,另一种为内热式串接石墨化炉(简称LWG炉)。艾奇逊石墨化炉是装入炉内的焙烧制品与电阻料(焦粒)共同构成炉阻,通电后产生2000~3000℃的高温使焙烧制品石墨化;内热式串接石墨化炉是一种无电阻石墨化设备,电流直接通过由数根焙烧制品纵向串接的电极柱,进而产生高温使焙烧制品石墨化。焙烧制品的碳原子排列为"乱层"结构,而石墨化品的碳原子属于石墨结构,制品经过石墨化后,产品导热性和导电性提高,耐热冲击性和化学稳定性提高,润滑性和抗磨性提高。原料、温度、压力和催化剂是影响石墨化的主要因素。

图3-26 艾奇逊石墨化炉车间(a)和内热式串接石墨化炉车间(b)

图片引自四川都江堰西马炭素有限公司网页 http://ximacarbon.com/

3.7 粉体材料的生产工艺

粉体的制备与处理在现代材料科学与工程中占有极其重要的地位,在各种新材料的研究和开发过程中,高性能粉体的制备甚至成为关键环节。粉体是指离散状态下固体颗粒集合体的形态。但是粉体又具有流体的属性:没有具体的形状,可以流动飞扬等。粉体根据其尺度的大小可分为颗粒、微米颗粒、亚微米颗粒、超微颗粒、纳米颗粒等。颗粒微观尺度和结构的量变,将带来粉体宏观特性的质变。目前,粉体材料已广泛用于矿业资源、陶瓷材料、化学工业、冶金工业、电子材料、军事领域、机械工业等。

粉体材料的制备技术主要包括机械法及化学法。

（1）机械法是指通过机械粉碎、研磨或气流研磨方法将大块材料或粗大颗粒细化。机械法的实质就是利用动能来破坏材料的内结合力，使材料分裂产生新的界面，主要用于制备尺寸较粗的粉体。

（2）化学法是指依靠化学反应或电化学反应过程，生成新的粉末态物质。化学法包括气相合成法、气相分解法、还原-化合法、固相反应法、固相热分解法、高温自蔓延合成法、液相沉淀法、溶胶-凝胶法、水解法、喷雾法、水热法等。

目前，在无机材料工业中应用最多的是机械粉碎法，工业中常用的粉碎方式包括辊压式（如辊压粉碎机）、辊碾式（如雷蒙磨、胶体磨等）、高速旋转式（如销棒式粉碎机、摆式粉碎机等）、介质搅拌式（如卧式或行星式球磨机、振动磨、搅拌磨等）、气流式（气流磨）等。工业中各种天然矿物及人工原料的破粉碎、分级、混料等工序均用机械粉碎法。

固相合成法是工业上广泛采用的合成超细粉体的方法之一。固相合成法是指通过一般的固相操作而完成粉体合成的工艺方法。例如：①固相热分解法——通过固体原料的热分解而生成新固相，常用作热分解原料的有碳酸盐、草酸盐、硫酸盐、氢氧化物及一些天然矿物原料等；②固相反应法——将各组分氧化物粉混合后置于一定的高温下进行热处理，发生扩散和固相反应，经粉碎后获得所需复合氧化物粉体。电子陶瓷工业中，通过金红石（TiO_2）和碳酸钡合成钛酸钡（$BaTiO_3$）粉体，即为通过固相反应法合成粉体的实例。

液相沉淀法也是工业上广泛采用的合成超细粉体的方法之一。液相沉淀法以均相的溶液为出发点，通过各种途径使溶质和溶剂分离，溶质形成一定形状和大小的颗粒，得到所需粉末的前驱体，热解后得到超细微粒。液相沉淀法有利于精确控制化学组成、易于添加微量有效成分、易于控制超细粒子的形状和尺寸。液相沉淀法包括直接沉淀法、化学共沉淀法、均匀沉淀法。工业上，以硫酸氧钛（$TiOSO_4$）或偏钛酸（H_2TiO_3）为原料制备超细二氧化钛（TiO_2）粉体的方法即采用直接沉淀法或均匀沉淀法；以含锌盐为原料制备纳米氧化锌（ZnO）粉体即采用均匀沉淀法。

直接沉淀法是使溶液中某一种金属阳离子与沉淀剂在一定条件下发生化学反应生成沉淀物。常用来制取高纯氧化物粉体或超微粉体。加料方式可以是正序加入，即将沉淀剂溶液加到盐溶液中；或反序加入，即将盐溶液加到沉淀剂溶液中。不同的加料方式可能对沉淀物的粒度及粒度分布、形貌等产生影响。

化学共沉淀法是在含有两种或两种以上金属离子的混合金属盐溶液中，加入合适的沉淀剂，经化学反应生成各种成分具有均一相组成的共沉淀物，进一步热分解得到高纯微细粉体或超微细粉体。沉淀剂种类和用量的选择是否恰当是确保共沉淀是否完全的关键。溶液浓度、反应温度、反应时间、pH等因素对共沉淀过程会有很大影响。在粉体制备上，使混溶于某溶液中的所有离子完全沉淀的方法称为化学共沉淀法。

一般的沉淀过程是不平衡的，而均匀沉淀法通过控制溶液中沉淀剂的浓度，使之缓慢地增加，则使溶液中的沉淀处于平衡状态，且沉淀能在整个溶液中均匀地出现。通常均匀沉淀法通过溶液中的化学反应使沉淀剂慢慢生成，克服了由外部向溶液中加沉淀剂而造成沉淀剂的局部不均匀性，结果沉淀不能在整个溶液中均匀出现的缺点。

3.8　金属陶瓷的生产工艺

金属陶瓷是由粉末冶金方法制成的陶瓷与金属的复合材料。金属陶瓷既保持了陶瓷的高强度、高硬度、耐磨损、耐高温、抗氧化和化学稳定性等特性，又具有较好的金属韧性和可塑性。硬质合金是由难熔金属的硬质化合物和黏结金属通过粉末冶金工艺制成的一种合金材料。"金属陶瓷"和"硬质合金"两个学科术语没有明确的分界，从材料的组成看，"硬质合金"应该归入"金属陶瓷"。硬质合金具有硬度高、耐磨、强度和韧性较好、耐热、耐腐蚀等一系列优良性能，特别是它的高硬度和耐磨性，即使在 500℃的温度下也基本保持不变，在 1000℃时仍有很高的硬度。硬质合金广泛用作刀具材料，如车刀、铣刀、刨刀、钻头、镗刀等。

我国的主流硬质合金是 WC+Co 和 WC+TiC+Co 两类，即钨基硬质合金。下面以 WC 硬质合金刀片为例介绍金属陶瓷（硬质合金）的生产工艺（图 3-27）。

（1）原料：主要原料包括难熔金属硬质化合物（碳化钨、碳化钛、碳化铌、碳化钽等）、黏结金属（钴粉或镍粉等）以及少量添加剂（如硬脂酸或依索敏）。

（2）配料、混合和研磨：将难熔金属硬质化合物（如碳化钨）和黏结金属（如钴）以及其他添加剂按所需的比例进行配制，进行湿法球磨。粉末混合料在球磨机中研磨。磨球是硬质合金制的，球磨罐可能内衬硬质合金。球磨机的选择取决于所生产的碳化物的种类、硬质合金的牌号。除普通的球磨机之外，也采用高能振动球磨机和搅拌球磨机。研磨时，碳化物颗粒完全被钴包覆。研磨通常是在有机液体如乙醇、己烷中进行。除了需要进行热压的混合料之外，混合料都要加入成型剂，使用较为普遍的成型剂是石蜡、合成橡胶、PEG。球磨可使罐内物料在冲击和磨削作用下被磨碎，并通过球的搅拌作用将物料均匀混合。

（3）干燥、造粒：球磨后，所得混合料要经干燥处理，回收其中的乙醇或其他溶剂。比较先进的干燥方法为喷雾干燥，即用热氮气流冲击碳化物浆料，将之粉碎成液滴干燥。由混合料粉末与润滑剂用喷雾干燥制得的粉状团粒流动性好，并可直接供自动压机压制成型。也有以下其他干燥方法：电烘箱，蒸汽干燥箱，真空干燥（负压下进行干燥的过程）。干燥后过筛可除去料浆干燥时可能带入的氧化料结块，并使混合料松散，易于散热。制粒（造粒）能使粒料成为粗细比较均

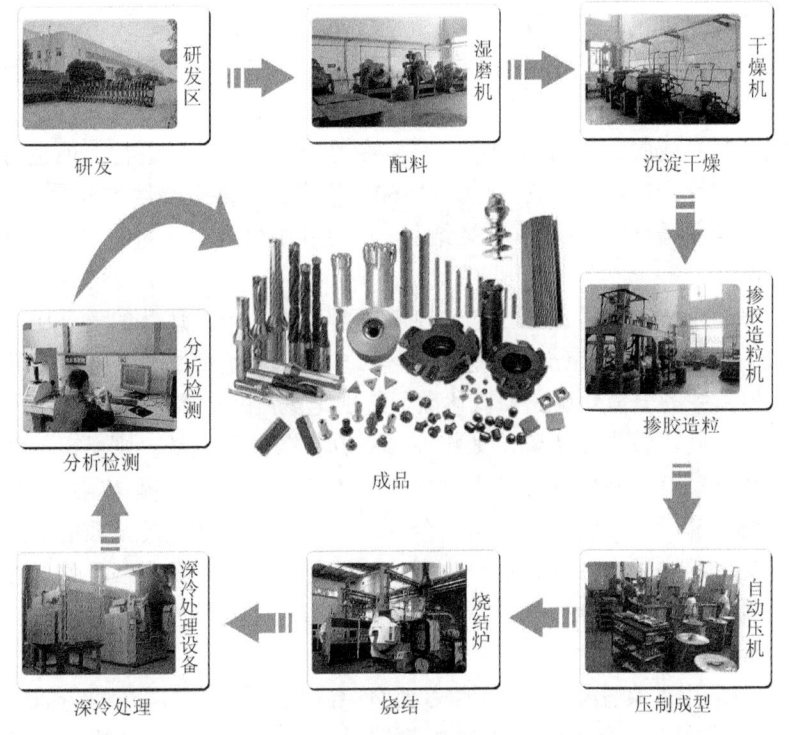

图 3-27 WC 硬质合金刀片的生产工艺

匀的近似球状的颗粒。较好的粒形可改善粒料在模腔中的流动性，使之能充满压模模腔，同时可提高松装密度，适于成型，最终可提高生坯的均匀性及成型后的密度。硬质合金粉末和塑化剂的混合物造粒之后，方可进入压制工序。实际生产中采用喷雾造粒及滚筒造粒等方法造粒。其中，喷雾造粒是最好的造粒方法，可促进混料过程中各组分间的均匀分散，更能满足连续自动成型对粉料的要求。

（4）压制成型：包括模压法、挤压法、冷等静压法。模压法将物料在刚性压模中在大液压机上压制成压坯。生产中采用自动压机大批量生产规定尺寸的压坯时（如刀片），并在衬有硬质合金的压模中压制到准确控制的尺寸，压制压力大约在 100MPa。挤压法将硬质合金粉混入增塑剂，在挤压机中成型为普通压制难以成型的异形件。冷等静压法将硬质合金粉装入模套中封好，置于压缸中的液体介质中，通过加压将软模中的粉末压成特定形状的压坯。

（5）预烧和烧结：预烧和烧结可以在氢气保护的电阻加热的半连续管式炉或真空烧结炉中进行。毛坯、压坯或挤压坯在最后高温烧结处理之前，必须进行预烧。预烧是一种排除润滑剂（脱除蜡、橡胶、PEG）的处理。预烧可以在真空中或氢气中进行。预烧的目的是提高毛坯强度，排除成型剂。如果在氢气炉中预烧则应该装填料。升温过程中，应该在 400℃左右保持较长的时间，以利于成型剂的排除，并防止出现起皮现象。

预烧后的硬质合金毛坯具有足够的强度，这样就可以将毛坯加工成所需要的形状。

预烧（脱蜡或脱胶）可与烧结分开，在另一个炉内单独进行，但也可合并在一个炉室中进行。烧结一般在 1350～1460℃下进行，整个烧结过程为 3～5h，在最高温度一般保温 0.5～1h。真空烧结后，产品孔隙度应当尽量小，其密度应当接近理论密度。

真空烧结是一种特种烧结工艺，在普通常压烧结中，坯体的气孔中含有的水蒸气、氢、氧等气体在烧结过程中借溶解、扩散沿着坯体晶界或通过晶粒从气孔中逸出，但其中的一氧化碳、二氧化碳，特别是氮，由于溶解度较低，不易逸出，制品内含有气孔，致密度下降。如将坯体在真空条件下烧结，则所有气体在坯体尚未完全烧结前就会从气孔中逸出，使制品不含气孔，从而提高制品的致密度；真空烧结还能够减少气氛中的有害成分（水、氧、氮及其他的杂质等）对物料的污染，避免出现脱碳、渗碳、还原、氧化和渗氮等一系列反应；使物料在出现液相之前使颗粒氧化膜完全排除，从而改善液相与碳化物相的湿润性，改善合金组织结构，提高合金性能。

生产中采用的真空烧结炉通常为真空感应烧结炉，它是一种在抽真空后充氢气的保护状态下，利用中频感应加热的原理，使处于线圈内的钨坩埚产生高温，通过热辐射使硬质合金刀头及各种金属粉末压制体实现烧结的成套设备（图 3-28）。

图 3-28　真空烧结炉外观图

图片引自北京华翔电炉技术有限责任公司网页 http://www.hxzkl.com/

第4章 无机材料生产设备

4.1 粉体粉碎和加工设备

在陶瓷工业中，所有的原料都需要经过粉碎工序，其目的是使物料混合均匀，加快其物理化学反应的速率，提高产品质量，同时方便运输，强化固体流态化操作过程。

4.1.1 颚式破碎机

颚式破碎机是一种应用最广泛的破碎机械。由于它的结构简单、牢固，能处理的物料尺寸范围大，以及操作维护方便，因此从它问世一百多年以来，至今仍然是粗碎、中碎及细碎作业中主要和有效的破碎设备。如图4-1所示，机架前壁作为定颚（静颚板），动颚悬挂在悬挂轴上，偏心轴在轴承内旋转，偏心轴带动动颚板运动。利用调整装置来改变动颚的相对位置，使出料口的宽度得以调节，此外还有拉杆、弹簧等组成的拉紧装置。当偏心轴转动时，偏心轴带动动颚板做复杂摆动，时而靠近时而离开定颚，从而把加入破碎室中的物料破碎。已破碎的物料从出料口卸下，从而实现物料的粉碎。颚式破碎机适宜石灰石、砂岩等块状硬质物料的粗碎、中碎。颚式破碎机的结构图和工作原理图如图4-1所示。

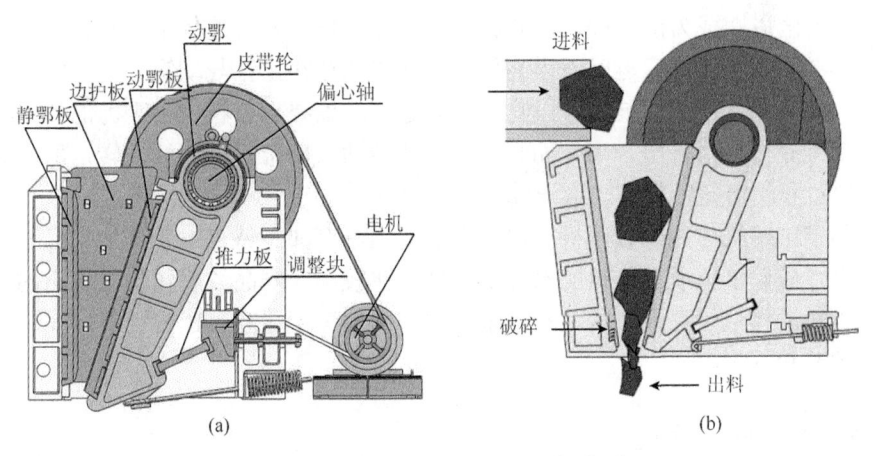

图 4-1 颚式破碎机结构图（a）和工作原理图（b）

图片引自中意矿机网页 http://www.zycrusher.com

4.1.2 圆锥破碎机

圆锥破碎机目前仍是大中型选矿厂作业破碎的关键设备。它是实现"多碎少磨"节能工艺的关键。因为破碎的能源利用率要比粉磨的高，多破少磨有利于节约能源，但也不能以破代磨，因为两者的能源利用随着物料粒度变小呈反向变化。因而，近年来圆锥破碎机的开发和研制较快。圆锥破碎机的结构图及工作原理图如图4-2所示。

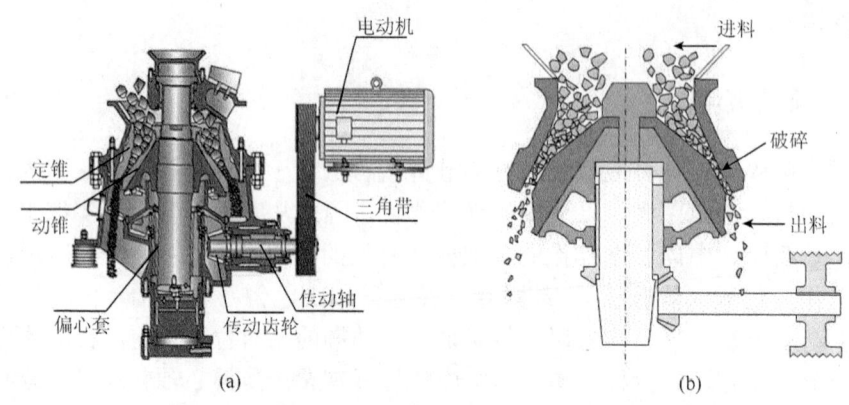

图4-2 圆锥破碎机结构图（a）和工作原理图（b）
图片引自河南固德重型机器制造有限公司网页 http://www.goodssx.com/

在圆锥破碎机的工作过程中，电动机通过传动装置带动偏心套旋转，动锥（活动的破碎椎体）在偏心轴套的迫动下做旋转摆动，动锥靠近定锥（固定圆锥形破碎环）的区段即成为破碎腔，破碎圆锥轴心线在偏心轴的迫使下做旋转运动，使得破碎壁的表面时而靠近时而远离轧壁，使得物料在定锥与动锥之间不断地受到冲击、挤压和弯曲从而被破碎。物料破碎达到粒度要求后在自身重力的作用下下落，从锥底排料口排出。因为偏心衬套连续转动，动锥也就连续旋转，所以破碎和卸料过程沿着定锥的内表面连续依次进行。

圆锥破碎机与颚式破碎机相比，在性能上具有如下特点：工作均匀且连续；产量高，破碎单位质量物料的电耗低；破碎比较高；产品粒度较均匀。它的缺点是：机器的体型较高大，构造较复杂，需精密加工制造且基建投资高；安装、维修与调节较困难。

4.1.3 滚筒式球磨机

球磨机是一种转筒式磨机，至今已经有一百多年的历史。目前在硅酸盐工业中球磨机仍为主要粉磨设备。球磨机在水泥生产中用来粉磨生料、燃料及水泥，陶瓷和耐火材料等企业也用球磨机来粉碎原料。物料经过破碎设备破碎后的粒度大多在 20mm 左右，如要达到生产工艺要求的细度，还必须经过粉磨设备的细磨。从结构简单、操作维护方便、使用机动灵活等方面考虑，通常采用间歇式球磨机。

滚筒式球磨机的主体是由钢板卷制而成的回转筒体。筒体两端装有带空心轴的研磨体。当磨机回转时，研磨体由于离心力的作用贴附在筒体衬板表面，随筒体一起回转。被带到一定高度时，由于其本身的重力作用，像抛射体一样落下，冲击筒体内的物料。在磨机回转过程中，研磨体还以滑动和滚动研磨研磨体与衬板间及相邻研磨体间的物料，如图 4-3 所示。

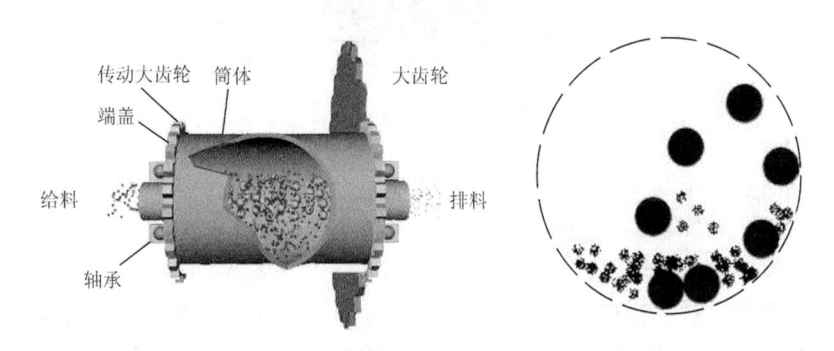

图 4-3 滚筒式球磨机的工作原理图

图片引自河南中科工程技术有限公司网页 http://www.kypsj.org

球磨机对物料的适应性强，能连续生产，生产能力大，可满足现代大规模工业生产的要求；粉碎比大，可达 300 以上，并易于调整粉磨产品的细度；可适用各种不同情况下的操作，既可干法作业，也可湿法作业，还可把干燥和粉磨合并同时进行；结构简单、坚固，操作可靠，维护管理简单，能长期连续运转；有很好的密封性。

4.1.4 搅拌磨

搅拌磨早期也称砂磨或帕尔磨，主要用于染料、油漆、涂料行业的料浆分离与混合。其分散速度快，适合于短时间内粉体的微细化，后来经过多次改进，逐渐成为一种新型的高效超细粉碎机。

搅拌磨主要由一个填充小直径研磨介质的研磨筒和一个旋转搅拌器构成（图4-4）。由电动机通过变速装置带动磨筒内的搅拌器回转，搅拌器回转时其叶片端部的线速度为 4～20m/s，搅拌器转速为 100～1000r/min。依靠磨腔中机械搅拌棒、齿或片带动研磨介质运动，利用研磨介质之间的摩擦、冲击、挤压和剪切作用，使物料得到超细粉碎或混合、分散，因此搅拌磨既可以作为超细粉碎机，也可以作为混匀、分散机。

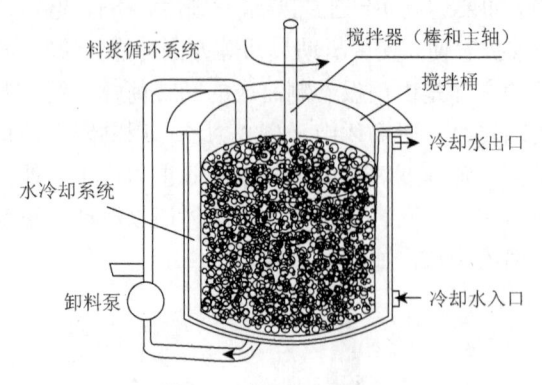

图 4-4 搅拌磨结构图

搅拌磨实质上是一种内部有动件的球磨机，靠内部动件带动介质运动来对物料进行粉碎。它综合了动量和冲量的作用，能有效地进行超细粉磨，细度达到亚微米级。搅拌磨的球形研磨介质一般小于 6mm，用于超细粉磨时一般小于 1mm，其莫氏硬度应比被磨物料莫氏硬度大 3 倍以上，不会产生污染且容易分离，研磨介质密度最好大于被磨物料的密度。研磨筒内壁及搅拌装置的外壁可根据不同的用途镶上不同的材料。

循环式搅拌磨是由一台搅拌磨和一个大体积循环罐组成的，循环罐的容积是磨机体积的 10 倍，其特点是产量大、产品质量均匀及粒度分布较均匀。循环卸料装置既可保证在研磨过程中物料的循环，又可保证最终产品及时卸除。连续式搅拌磨研磨筒的高径比较大，其形状像一个倒立的塔体，筒体上下装有隔栅，产品的最终细度是通过调节进料流量来控制物料在研磨筒内的滞留时间来实现的。

4.1.5 气流粉碎机

气流粉碎机是国内生产研究最多、机型最齐全的超细粉碎设备，气流粉碎机属于干法生产。它广泛应用于化工、矿物、冶金、磨料、陶瓷、耐火材料、医药、农药、食品、保健品、新材料等行业的超细粉碎，气流粉碎的产品粒度取决于混合气流中的固体含量。

气流粉碎机又称气流磨，一般分为卧式和立式两大类。我国工业上应用的气流粉碎机主要有以下几种类型：扁平式气流粉碎机（图 4-5 和图 4-6）、流化床对喷式气流粉碎机、循环管式气流粉碎机、靶式气流粉碎机。

第4章 无机材料生产设备

图 4-5 扁平式气流粉碎机外观图

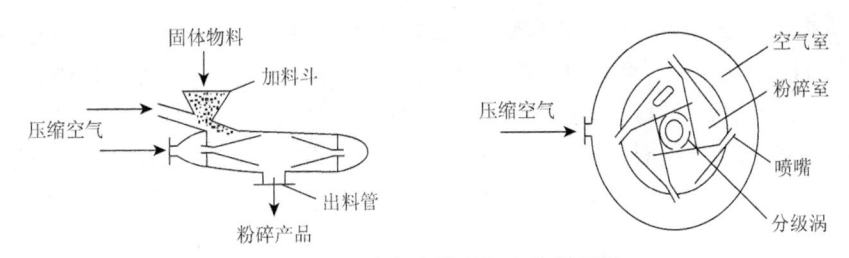

图 4-6 扁平式气流粉碎机工作原理图

图片引自长沙市常宏制药机械设备厂网页 http://www.0731-cs.com

气流粉碎机是一种用高速气流来实现干式物料超细粉碎的设备，气流粉碎机与旋风分离器、除尘器、引风机组成一整套粉碎系统。气流粉碎机由粉碎喷嘴、分级转子、螺旋加料器等组成。物料通过螺旋加料器进入粉碎室，压缩空气通过特殊配置的超音速喷嘴向粉碎室高速喷射，物料在超音速喷射流中加速，并在喷嘴交汇处反复冲击、碰撞，达到粉碎。被粉碎物料随上升气流进入分级室，由于分级粒子高速旋转，粒子既受到分级转子产生的离心力，又受到气流黏性作用产生的向心力，当粒子受到的离心力大于向心力，即分级径以上的粗粒子返回粉碎室继续冲击粉碎，分级径以下的细粒子随气流进旋风分离器、捕集器收集，气体由引风机排出。

气流粉碎机原理为：在超音速气流作用下，物料颗粒之间不仅发生撞击，而且气流对物料颗粒也产生冲击剪切作用。同时物料还与粉碎室发生冲击、摩擦、剪切作用，其损失的能量将部分转化成为颗粒的内能和表面能，从而导致颗粒比表面积和比表面能的增大，晶体晶格能迅速降低，并且在损失晶格能的位置将产生晶体缺陷，出现机械化学激活作用。在粉碎初期，新表面将倾向于沿颗粒内部原生微细裂纹或强度减弱的部位（晶体缺陷形成处）生成，如果碰撞的能量超过颗粒内部需要的能量，颗粒就将被粉碎。

气流粉碎机可以省去烘干工艺。但目前气流粉碎机在我国的应用也存在一些问题：①设备制造成本高、一次性投资大、效率低、能耗高、粉体制备成本大，使其应用领域受到了一定的限制；②难以制得亚微米级产品（如要制备 1μm 的产品，入磨前需经预粉碎），产品粒度在 10μm 左右时效果最佳，在 10μm 以下时产量大幅度下降，成本急剧上升；③气流粉碎机的单机处理能力较小（均小于 1t/h），不能适应大规模、大型化、专业化和高细度生产的需要；④自主创新的机型偏少，设备加工精度低，大多数厂家还在模仿和开发国外同类产品。

4.1.6 高能球磨设备

机械力化学的定义为：物质受机械的作用而发生变化或者物理化学变化的现象。20 世纪 80 年代以来，这一新兴概念扩展至冶金、合金、化工、材料等领域，得到了广泛应用。目前，能够产生明显机械力化学作用的常用粉磨设备是高能球磨机，主要包括行星磨、振动磨、搅拌磨等。行星磨是在普通球磨机的基础上发展变化而来的一种新型粉磨机，按磨筒轴线方向可分为立式行星磨和卧式行星磨两种形式。

行星磨借助行星传动机构装置使球磨筒体既产生公转又产生自转来带动磨腔内的研磨介质，产生强烈的冲击、研磨作用，使介质之间的物料被粉碎和超细化。行星磨的结构较普通球磨机的结构更复杂。普通球磨机通常是一个磨筒，而行星磨则有多个磨筒，一般为 2~4 个磨筒均匀对称地分布在公转盘上。行星磨磨筒既可以水平安装，也可以垂直安装在公共转盘上。行星磨筒做复杂的平面运动，一方面，电动机带动转盘转动，安装在其上的磨筒随之转动，此时为牵连运动；另一方面，通过齿轮或三角带传动，磨筒还绕自身的中心轴相对运动。磨筒的这种既有公转又有自转的平面运动，称为行星运动。

磨筒自转和公转的速度变化引起离心力、科里奥利力及磨筒与介质摩擦力等的作用，使磨球与物料在筒内产生互相冲击、摩擦及上下翻转等，起到了磨碎物料的作用。在自转和公转等合力的作用下可使研磨介质的离心加速度达到 10~100m/s^2，这使得行星磨的超微粉体的研磨效率远远大于普通球磨机。行星磨已经成为超微粉体（亚微米甚至纳米粉体）的主要制备装备。

图 4-7 为立式行星磨的外观图及结构示意图，它主要由电动机、皮带传动系、公共转盘、行星轮、转盘和球磨筒组成。

高能球磨机原理：利用球磨机的转动或振动，使硬球对原料进行强行的撞击、碾碎、研磨、压合和再碾碎、研磨的反复过程，将其粉碎为纳米级微粒。这是一个无外部热能供给的、干的高能球磨过程，是一个由大晶粒变为小晶粒的过程。在纳米结构形成机理的研究中，认为高能球磨过程是一个颗粒循环剪切变形的过程。在此过程中，晶格缺陷不断在大晶粒的颗粒内部大量产生，从而导致颗粒中

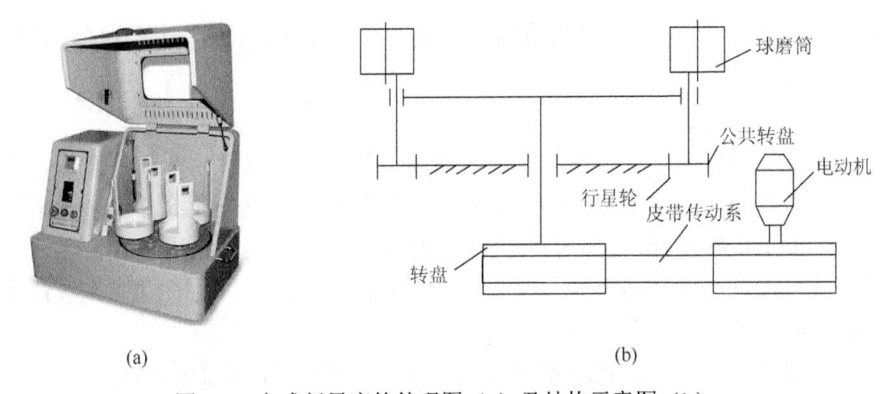

图 4-7 立式行星磨的外观图（a）及结构示意图（b）

图片（a）引自长沙天创粉末技术有限公司网页 http://xqm.sbworld.cn；图片（b）引自上海中博重工机械有限公司网页 http://www.shzbzg.com

大角度晶界的重新组合，使得颗粒内晶粒尺寸可下降 $10^3 \sim 10^4$ 个数量级。在单组元的系统中，纳米晶的形成仅仅是机械驱动下的结构演变，晶粒粒度随球磨时间的延长而下降，应变随球磨时间的增加而不断增大。在球磨过程中，由于样品反复形变，局域应变带中缺陷密度达到临界值时，晶粒开始破碎。这个过程不断重复，晶粒不断细化直到形成纳米结构。

近年来，高能球磨已成为制备纳米材料的重要方法之一，被广泛应用于合金、磁性材料、超导材料、金属间化合物、过饱和固溶体材料及非晶、准晶、纳米晶等亚稳态材料的制备。

4.2 搅拌设备

搅拌是使一种或多种物料互相分散而达到温度场（温度在空间的分布）、浓度场（物料组分在空间的分布）均匀的操作。供搅拌用的机械称为搅拌机械。

由于物料相态的不同，又把固体粉料的搅拌称为混合，浆状物料的搅拌称为拌和，液状物料的搅拌称为搅拌。

在化工生产中，搅拌得到了广泛的应用，如加速传热、传质、化学反应、溶解过程及制备混合液、乳浊液、悬浮液等方面。其作用为：①使固体物料在水中高度分散以制备泥浆；②防止固体颗粒沉淀，保持泥浆悬浮状态；③使料浆的成分均匀。

在陶瓷生产中对泥浆的搅拌主要有三种方式：气流搅拌、机械搅拌和气流-机械搅拌。

气流搅拌是向液体中通入气流以搅拌液体的方法。当工厂的空压设备或锅炉的能力有富余时，特别宜于采用气流搅拌。气流搅拌的装置最简单，只要在泥浆池中插入鼓泡器即可，鼓泡器由管壁开有许多 3~6mm 小孔的管子构成，使气泡能在槽体截面上均匀分布，通过压缩空气或通入蒸气即可。用蒸气搅拌泥浆，还能提高泥浆的温度，可提高压滤机的生产能力。

气流搅拌装置简单，无运动部件，适宜于搅拌高温或具腐蚀性的液体，也可用于临时性设施或搅拌要求不高的场合。气流搅拌的缺点是会给泥浆带入空气，能量消耗多于机械搅拌，搅拌力较弱。一般用于维持泥浆悬浮状态的场合。

机械搅拌依靠搅拌器在搅拌槽中转动对液体进行搅拌，是将气体、液体或固体颗粒分散于液体中的常用方法。

机械搅拌种类很多，但基本形式是相似的，在一条回转的中心轴上安装一个或数个不同形状的桨叶。按传动形式不同，有齿轮传动、皮带轮传动、摩擦轮传动等几种；按桨叶形式不同，有平直桨叶、螺旋桨叶、涡轮桨叶、框式桨叶、锚式桨叶等几种。它们能在不同的介质中起到良好的搅拌作用。使用最广泛的是螺旋桨式搅拌机。螺旋桨式搅拌机主要是利用具有一定旋转速度的螺旋桨叶，使池内物料产生垂直方向上的容积循环，并产生水平方向的回转及桨叶对物料的剪切和撞击，使泥料被浸散、泥浆混合均匀。

4.2.1 搅拌机

搅拌机是一种带有叶片的轴在圆筒或槽中旋转，将多种原料进行搅拌混合，使之成为一种混合物或适宜稠度的机器。其搅拌机理为：以浆液的大剪切应力使搅拌槽中的浆体产生流体剪切速率差，进而使流体各层之间相互混合。

轴功率（P）、桨叶排液量（Q）、压头（H）、桨叶直径（D）及搅拌转速（N）是描述一台搅拌机的五个基本参数。桨叶排液量与桨叶本身的流量准数、桨叶搅拌转速的一次方及桨叶直径的三次方成正比。搅拌消耗的轴功率则与流体密度、桨叶本身的功率准数、转速的三次方及桨叶直径的五次方成正比。在一定功率及桨叶形式情况下，桨叶排液量以及压头可以通过改变桨叶直径和转速的匹配来调节，即大直径桨叶配以低转速（保证轴功率不变）的搅拌机可产生较高的流动作用和较低的压头，而小直径桨叶配以高转速则产生较高的压头和较低的流动作用。无论何种浆型，当桨叶直径一定时，最大剪切速率和平均剪切速率都随转速的提高而增加。但当转速一定时，最大剪切速率和平均剪切速率与桨叶直径的关系与浆型有关，当转速一定时，径向型桨叶最大剪切速率随桨叶直径的增加而增加，而平均剪切速率与桨叶直径大小无关。小槽与大槽相比，小槽搅拌机往往具有高转速、小桨叶直径及低叶尖速度（ND）等特性，大槽搅拌机往往具有低转速、大桨叶直径及高叶尖速度等特性。

以水泥混凝土搅拌机为例，其作用是把水泥、砂石骨料和水混合并拌制成混凝土混合料。主要由拌筒、加料和卸料机构、供水系统、原动机、传动机构、机架和支承装置等组成，其搅拌桶形状包括鼓筒式、锥式、圆盘式等。搅拌机按搅拌方式分为自落式混凝土搅拌机、强制式混凝土搅拌机和连续式混凝土搅拌机。自落式混凝土搅拌机（图4-8）的拌筒内壁上有径向布置的搅拌叶片。工作时，拌筒绕其水平轴线回转，加入拌筒内的混合料被叶片提升至一定高度后借自重下落，这样周而复始地运动，达到均匀搅拌的效果。自落式混凝土搅拌机的结构简单，一般以搅拌塑性混凝土为主。强制式混凝土搅拌机拌筒内的转轴臂架上装有搅拌叶片，加入拌筒内的物料在搅拌叶片的强力搅动下形成交叉的物流（图4-9）。这种搅拌方式远比自落搅拌方式作用强烈，故搅拌质量好，搅拌效率高，但动力消耗大，且叶片磨损快。一般适用于拌制干硬性混凝土。连续式混凝土搅拌机装有螺旋状搅拌叶片，各种材料分别按配合比经连续称量后送入搅拌机内，搅拌好的混凝土从卸料端连续向外卸出。这种搅拌机的搅拌时间短，生产率高，其发展引人注目。

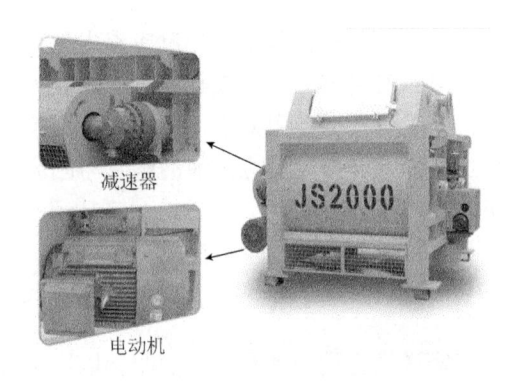

图4-8　自落式混凝土搅拌机　　　图4-9　双卧轴强制式混凝土搅拌机

图片引自郑州市昌利机械制造有限公司
网页 http://www.erbajixie.net/

4.2.2　反应釜

反应釜是利用机械搅拌原理进行物理化学反应的搅拌反应容器，被广泛应用于石油、化工材料等工业生产领域。反应釜结构一般由釜体、夹套、传动装置、搅拌装置、加热装置、轴封装置、支座等组成（图4-10和图4-11）。反应釜的釜体材质可为碳钢、不锈钢及搪瓷、钢衬；反应釜搅拌器有锚式搅拌器、框式搅拌器、桨式搅拌器、涡轮式搅拌器、刮板式搅拌器、组合式搅拌器；反应釜的传动方式有普通电动机、防爆电动机、电磁调速电动机、变频器等；加热方式有蒸汽加热、电加热、热水加热、导热油加热及明火加热，以满足不同工作环境的工艺需要。

图 4-10　反应釜外观示意图
图片引自产地网威海市午阳化机有限公司
网页 http://www.chandi.cn/company/d1791-2610.html

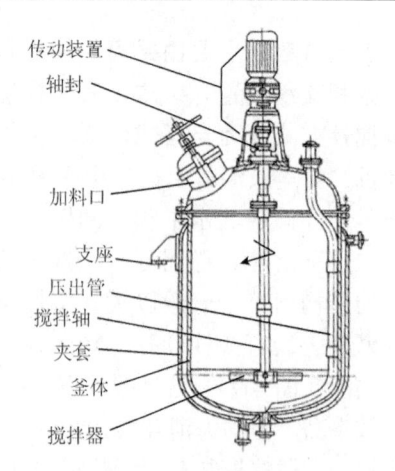

图 4-11　反应釜结构示意图

反应釜工作原理是：在反应釜内放入反应溶媒做搅拌反应，夹套层通上不同的冷热源（蒸汽、热水或热油、冷冻液等）对反应釜内的物料进行恒温加热或制冷。同时可根据使用要求在常压或负压条件下进行搅拌反应。物料在反应釜内进行反应，并能控制反应溶液的蒸发与回流，反应完毕，物料可从釜底的出料口放出，操作极为方便。

4.3　输送设备

输送设备是一种利用摩擦驱动以连续方式运输物料的机械。输送设备可以将物料在一定的输送线上，从最初的供料点到最终的卸料点间形成一种物料的输送流程。输送设备还可以与各工业企业生产流程中的工艺过程的要求相配合，形成有节奏的流水作业运输线。输送设备广泛应用于现代化的各种工业企业中。

在无机材料工业中，输送设备种类较多，常见的输送设备包括管链输送机、皮带输送机、气力输送系统、斗式提升机、螺旋输送机、泥浆泵、滚筒输送机等。

4.3.1　管链输送机

管链输送机是输送粉状、小颗粒状及小块状等散状物料的连续输送设备，在密闭管道内，以链片为传动构件带动物料沿管道运动，可以水平、倾斜和垂直组合输送。

当水平输送时，物料颗粒受到链片在运动方向的推力。当料层间的内摩擦力大于物料与管壁的外摩擦力时，物料就随链片向前运动，形成稳定的料流。当垂直输送时，管内物料颗粒受链片向上推力，因为下部给料阻止上部物料下滑，产生了横向侧压力,所以增强了物料的内摩擦力,当物料间的内摩擦力大于物料与管内壁外摩擦力及物料自重时,物料就随链片向上输送,形成连续料流。

4.3.2 皮带输送机

皮带输送机也称带式输送机或胶带输送机等,运用输送带的连续或间歇运动来输送各种轻重不同的物品,如粉状、粒状、小块状的低磨琢性物料及袋装物料等。皮带输送机根据摩擦传动原理而运动,可以用于水平运输或倾斜运输,使用非常方便。皮带输送机除进行纯粹的物料输送外,还可以与各工业企业生产流程中的工艺过程的要求相配合,形成有节奏的流水作业运输线。皮带输送机被广泛应用于现代化的各种工业企业中。

皮带输送机主要由两个端点滚筒及紧套其上的闭合输送带组成。带动输送带转动的滚筒称为驱动滚筒(传动滚筒);仅改变输送带运动方向的滚筒称为改向滚筒。驱动滚筒由电动机通过减速器驱动,输送带依靠驱动滚筒与输送带之间的摩擦力拖动。驱动滚筒一般装在卸料端,以增大牵引力,有利于拖动。物料由进料端进入,落在转动的输送带上,依靠输送带摩擦带动运送到卸料端卸出。

4.3.3 气力输送系统

气力输送系统又称气流输送,它利用气流的能量,在密闭管道内沿气流方向输送颗粒状物料,是流态化技术的一种具体应用。气力输送装置的结构简单,操作方便,可做水平的、垂直的或倾斜方向的输送,在输送过程中还可同时进行物料的加热、冷却、干燥和气流分级等物理操作或某些化学操作。气力输送是清洁生产的一个重要环节,是适合散料输送的一种现代物流系统。

气力输送的主要特点是输送量大,输送距离长,输送速度较高,能在一处装料,然后在多处卸料。根据颗粒在输送管道中的密集程度,气力输送分为:①稀气力输送相输送,固体含量低于 $1\sim10kg/m^3$,操作气速较高(18~30m/s),输送距离基本上在 300m 以内;②密相输送,固体含量 $10\sim30kg/m^3$ 或固气比大于 25 的输送过程,操作气速较低,用较高的气压压送,输送距离达到 500m 以上,适合较远距离输送。

气力输送按工作原理大致可分为吸送式与压送式两种类型。吸送式气力输送是将大气与物料一起吸入管道内,用低气压力的气流进行输送,因而又称真空吸送。压送式气力输送是用高于大气压力的压缩空气推动物料进行输送的。

气力输送装置与输送管道、球形三通、增压器、增压弯头等组成密封输送系统,可以配自动控制电控系统,实现整个系统无人控制及配合 PLC 自动控制(图 4-12)。

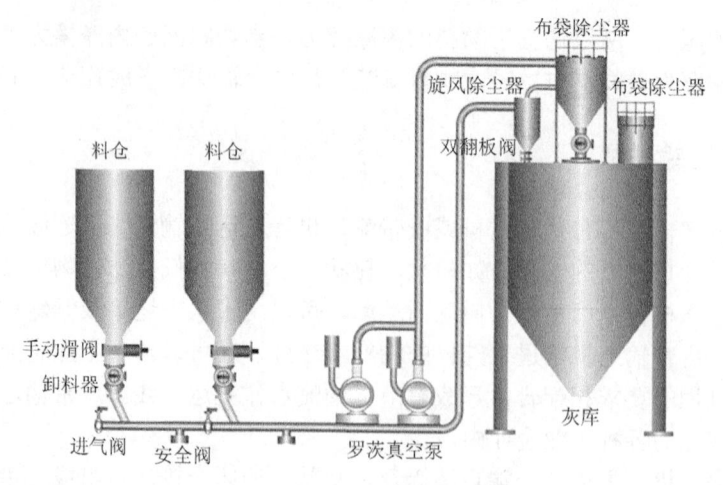

图 4-12　气力输送系统示意图

4.3.4　斗式提升机

斗式提升机适用于低处向高处提升，供应物料通过振动台投入料斗后机器自动连续运转向上运送，具有输送量大、提升高度高、运行平稳可靠、寿命长等显著优点，可用于输送粉状、粒状及小块状的无磨琢性及磨琢性小的物料，如煤、水泥、石块、砂、黏土、矿石等。

斗式提升机输送设备固接着一系列料斗的牵引构件（胶带或链条）环绕提升机的头轮与尾轮之间，构成闭合轮廓。驱动装置与头轮相连，使斗式提升机获得必要的张紧力，保证正常运转。物料从提升机底部供入，通过一系列料斗向上提升至头部，并在该处卸载，从而实现在竖直方向运送物料。斗式提升机的料斗和牵引构件等行走部分及头轮、尾轮等安装在全封闭的罩壳之内。

4.3.5　螺旋输送机

螺旋输送机在输送形式上分为有轴螺旋输送机和无轴螺旋输送机两种，在外形上分为 U 形螺旋输送机和管式螺旋输送机。有轴螺旋输送机适用于无黏性的干粉物料和小颗粒物料，如水泥、粉煤灰、石灰等；无轴螺旋输送机适合输送黏性的和易缠绕的物料，如污泥、生物质、垃圾等。螺旋输送机的工作原理是旋转的螺旋叶片将物料推移而进行螺旋输送机输送，使物料不与螺旋输送机叶片一起旋转的力是物料自身重量和螺旋输送机机壳对物料的摩擦阻力。

螺旋输送机与其他输送设备相比，具有整机截面尺寸小、密封性能好、运行平稳可靠、可中间多点装料和卸料及操作安全、维修简便等优点。螺旋输送机的缺点是运行阻力很大，比其他输送机的动力消耗大，且机件磨损较快。常用于中小输送量及较短距离输送。

4.3.6 泥浆泵

泥浆泵是无机材料生产中输送泥浆的重要设备。泵是把液体或气体抽出或压入的一种机械装置。泥浆泵是泵的一种，主要输送泥浆（输送泵）或提高泥浆压力能（压力泵）。通常选用离心式泥浆泵、往复式隔膜泵。

砂泵是离心式泥浆泵的一种，其结构与离心式水泵相似，用于输送含有砂粒、矿渣等的悬浮液。在砂泵的壳体内有一个叶轮，安装在直接与电动机轴相连或为传动装置带动的旋转主轴上。叶轮上有数片均匀分布的形状特殊的叶片，在叶片间形成泥浆的通道。泵壳为螺旋形蜗壳。泥浆进口管安于壳体的轴心处，泥浆出口管装在壳体的切线方向上。当叶轮随主轴高速旋转时，依靠叶轮的带动，壳体内泥浆随叶片旋转，产生很大的离心力。这种离心力所具有的压强即为叶轮泥浆的动压头。当泥浆流到壳体出口处时，流道扩大，流速降低，于是部分动压头转化为静压头，当此压头高于泵外系统的压头时，泥浆就被排出泵外。随着泵内泥浆的排出，叶轮中部逐渐降为负压，于是机外的泥浆被吸入。砂泵就是这样把泥浆不断地吸入和排出，进行输送工作。

往复式隔膜泵简称隔膜泵，可输送高浓度、高黏度以及含有颗粒的悬浮浆液。隔膜泵是依靠一个隔膜片的来回鼓动而改变工作室容积来吸入和排出液体的。隔膜泵工作时，曲柄连杆机构在电动机的驱动下带动柱塞做往复运动，柱塞的运动通过液缸内的工作液体（一般为油）而传到隔膜，使隔膜来回鼓动。气动隔膜泵缸头部分主要由一隔膜片将被输送的液体和工作液体分开，当隔膜片向传动机构一边运动时，泵缸内工作时为负压而吸入液体，当隔膜片向另一边运动时，则排出液体。被输送的液体在泵缸内被膜片与工作液体隔开。

普通结构的隔膜泵能输出压力为 0.8~1.0MPa 的流体，在电瓷生产中常与压滤机配套使用，使泥浆脱水而成为一定含水率的泥饼。一般泵送的压力越高，过滤的效率越高，榨取的泥料含水率越低。隔膜泵也可用于料浆或釉料的输送，在陶瓷原料生成中是不可或缺的重要机械设备之一。按柱塞运动的方向可分为立式隔膜泵和卧式隔膜泵；按输出压力大小分为低压隔膜泵、中压隔膜泵、高压隔膜泵；按缸体数目不同，隔膜泵分为单缸泵、双缸泵和多缸泵。

4.4 造粒设备

功能陶瓷的生产工艺中从利于烧成和固相反应进行的角度考虑，希望获得超细的原料颗粒，但粉料越细，比表面积越大，流动性越差，干压成型时不容易均匀地充满模具,经常出现成型件有空洞、边角不致密、层裂、弹性失效的问题。造粒工艺将磨细的粉料经过干燥、加胶黏剂,制成流动性好、粒径约为 0.1mm 的颗粒。

用颗粒物料代替细粉物料的优点:减少粉料团聚、改善物料的流动性;提高物料松装密度;便于物料均匀掺和;便于计量、配料。

常用的造粒法包括手工造粒、加压造粒、喷雾干燥造粒、混合造粒、流化床造粒等方法。

手工造粒法仅适用于小批量生产和实验室试验。加压造粒法将粉料加入塑化剂,搅拌混合均匀、过筛,然后将物料在液压机上用压模压成圆饼,破碎、过筛(20目)后即成团粒。加压造粒法是先进陶瓷生产中常用的,但效率低、工艺要求严格。

喷雾干燥造粒、混合造粒、流化床造粒等方法均为工业生产中常用的造粒方法。

4.4.1 喷雾干燥造粒及设备

喷雾干燥造粒法是将混合有适量塑化剂的物料预先做成浆料,再用喷雾器喷入造粒塔进行雾化和热风干燥,出来的粒子即为流动性较好的球状团粒。该法造粒好坏与料浆黏度、喷雾方法等有关。该法适用于现代化大规模生产,效率高,劳动条件大大改善。

喷雾干燥造粒的四个基本工艺:①液态进料弥散为雾滴;②雾-气混合;③喷出雾滴的干燥;④干燥后的固态颗粒和气体的分离。

喷雾干燥造粒设备原理(图 4-13):在干燥塔顶部导入热风,同时将料液送至塔顶部,通过雾化器喷成雾状液滴,这些液滴群的表面积很大,与高温热风接触后水分迅速蒸发,在极短的时间内便成为干燥产品,从干燥塔底排出热风与液滴接触后温度显著降低,湿度增大,它作为废气由引风机抽出,废气中夹带的微粒用分离装置回收。喷雾干燥的进料可以是溶液、悬浮液或糊状物,其雾化可以通过离心式雾化器、压力式雾化器和气流式雾化器实现,操作条件和干燥设备的设计可根据产品所需的干燥特性和粉粒的规格选择(图 4-14)。

离心式雾化,即将料液加到雾化器内高速旋转的甩盘中,料液被快速甩出而雾化;压力式雾化,即用高压泵把液料从喷嘴高速压出,形成雾状;气流式雾化,即利用压缩空气或水蒸气使料液雾化。其中,离心式喷雾干燥器是气液两相并流式干燥设备,采用高速离心转盘式雾化器,将料液雾化成微细的雾滴,与分布器分布后的热空气在干燥室内混合,迅速进行热质交换,在极短时间内干燥成为粉状产品,生产控制和产品质量控制方便可靠。产品流动性、速溶性好,颗粒较压力式喷雾干燥的产品细,广泛适用于不同种类液体物料的干燥生产。压力式喷雾干燥器是气液两相并流式干燥设备,采用高压喷嘴,借助高压泵的压力将液态物

第 4 章　无机材料生产设备

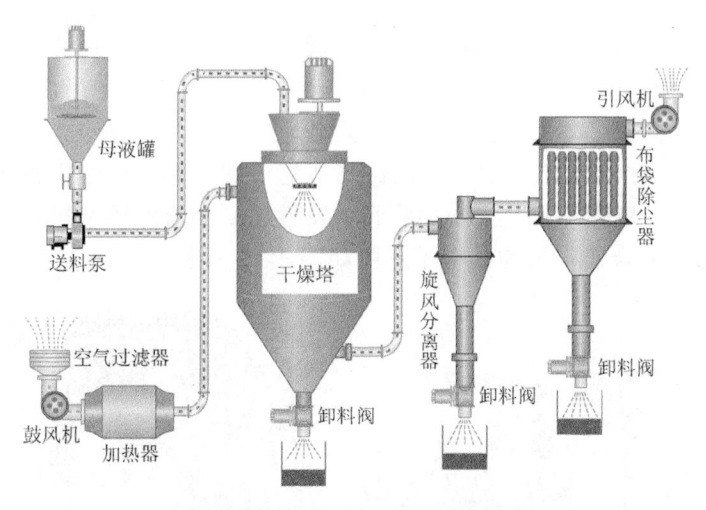

图 4-13　喷雾干燥造粒原理示意图

图片引自无锡市东升喷雾造粒干燥机械厂网页 http://www.dspwgz.com

图 4-14　喷雾干燥塔外观图

图片引自无锡市双和干燥设备有限公司网页 http://www.wxshgz.com/p3.htm

料雾化，与进入器内的热风并流向下，进行快速的热质交换，在极短的时间内干燥，连续得到中空的球状物料。产品粒径大，流动性、溶解性好，适用于化工、医药、食品等行业无黏性和低黏性的液态物料干燥。

4.4.2　混合造粒设备

混合造粒采用高速混合造粒机实现物料的混合和造粒，该方法具有混合效果好、生产效率高、颗粒与球度佳、流动性好等优点。高速混合造粒机分为立式和卧式，一般卧式造粒机性能更优越。卧式造粒机采用下旋式搅拌，搅拌浆安装在锅底，并与锅底形成间隙。搅拌叶面能确保物料碰撞分散成半流动的翻滚状态，并达到充分的混合。随着黏合剂的注入，粉料逐渐湿润，物料形状发生变化。位于锅壁水平轴的切碎刀与搅拌浆的旋转运动产生涡流，使物料被充分混合、翻动及碰撞，此时处于物料翻动必经区域的切碎刀可将团状物料充分打碎成颗粒。同时，物料在三维运动中颗粒之间的挤压、碰撞、摩擦、剪切和捏合，使颗粒摩擦更均匀、细致，最终形成稳定球状颗粒从而形成潮湿均匀的软材。其中，造粒颗粒目数大小由物料的特性、制料刀的转速和造粒时间等因素制约。高速混合造粒机的结构示意图如图4-15所示。

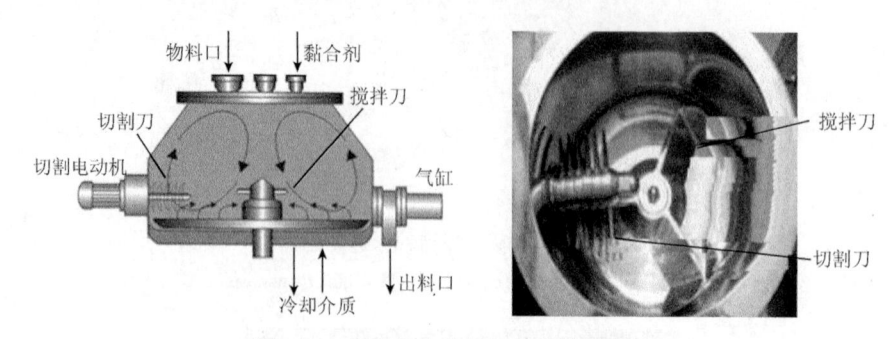

图 4-15 高速混合造粒机的结构示意图
图片引自会搜网深圳市诺亚制药设备有限公司网页 http://www.noah-equipment.com/

4.4.3 挤压造粒设备

挤压造粒是利用压力使固体物料进行团聚的干法造粒过程。挤压造粒机有螺旋挤压式、旋转挤压式、摇摆挤压式等。挤压造粒机用螺旋、活塞、辊轮、回转叶片对加湿的粉体加压，并从设计的网板孔中挤出，此法可制得0.2mm至几十毫米的颗粒。该法要求原料粉体能与黏结剂混合成较好的塑性体，适合于黏性物料的加工，颗粒截面规则均一，但长度和端面形状不能精确控制，致密度比压缩造粒低，黏结剂、润滑剂用量大，水分高，模具磨损严重。不过，因为其生产能力很大，被广泛地用于各类粉体的造粒过程。

4.4.4 流化床造粒设备

将大量固体颗粒悬浮于运动的流体之中，从而使颗粒具有流体的某些表观特征，这种流固接触状态称为固体流态化，即流化床。流化床造粒主要有三种方法：①以黏结剂溶液为主要媒体，以固体粉末为核心，粉体互相接触附着在一起凝聚形成颗粒；②用含有和粉末相同成分的溶液喷淋粉末，液滴沉积在粉体上，包层长大成粒；③把熔融的液体在相同粉体流化床中进行喷雾，粉体发生凝固干燥的造粒过程。流化床造粒主要可分为流化床喷雾造粒、流化床冷却造料、喷动流化床造粒、振动流化床造粒等几种。

不同的流化床造粒方法的基本原理是一致的，使粉料在流化床层底部空气的吹动下处于流态化，再把水、黏结剂、溶液或悬浮液等雾化后喷入床层中，粉料经过沸腾翻滚逐渐形成较大的颗粒。在成粒的过程中，黏结剂溶液和颗粒间的表面张力以及负压吸力起主要作用。在粉末间由桥连液形成凝聚现象。此液体桥连变成固态骨架，经干燥形成多孔的颗粒产品。流化床造粒的优点是混合、造粒、干燥等工序在一个密闭的流化床中一次完成，操作安全、卫生、方便。该法广泛应用于陶瓷、核燃料和工业化学品等。

流化床喷雾造粒：以热空气为流化气体，通至带有分布板的流化床的底部。液体进料大多数是由双流体喷嘴喷入流化床，雾化液滴落在流化床中热的种子颗粒上，然后被干燥成固体颗粒，有时还伴有化学反应。根据喷嘴位置的不同，流化床喷雾造粒又可分为顶部喷雾法、底部喷雾法和切向喷雾法。

如图 4-16 所示，流化床喷雾造粒系统由热源（燃煤、燃油、燃气、蒸汽、电）、流化床主机、喷雾系统设备、分离设备（内置布袋除尘器、外置旋风分离器+布袋除尘器、外置旋风分离器+湿式除尘器、多级旋风分离器）、风机、控制系统等组成。图 4-16 中，空气加热后进入流化床底部与物料接触，使物料呈流化状态。母液或黏合剂由压力泵送至雾化喷嘴，雾化后与流化颗粒相互接触，经不断流化、涂布、干燥，颗粒长大到所需粒度后由出料口排出，流化、雾化产生的细粉由旋风分离器回收后重新加入流化床造粒。设备可进行连续或间歇操作，能够一次性造粒并干燥，平均粒度在 0.5～5mm 范围内可调。

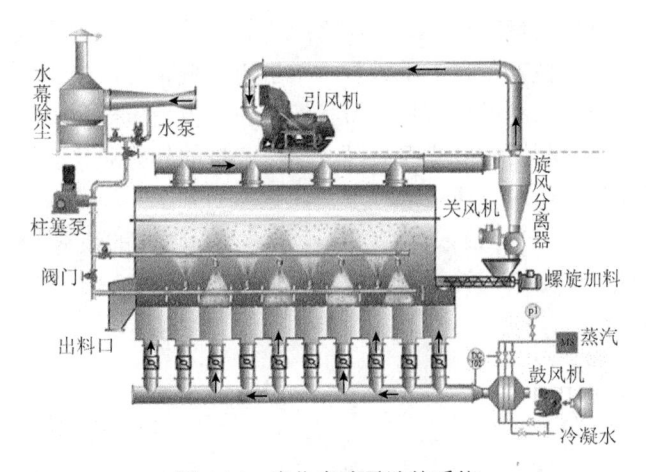

图 4-16 流化床喷雾造粒系统

流化床冷却造粒法：流化床冷却造粒法与喷雾干燥过程相似，液态进料在造粒塔顶部被分散成雾滴，接着在下落过程中固化为粒状产品。与喷雾干燥过程所不同的是，造粒的雾滴是熔融物料分散成的。这类雾滴主要是在塔内经空气冷却而固化的，几乎没有干燥过程。流化床冷却造粒法大多采用空气作为冷却介质，也可以采用其他气体或液体作为冷却介质。

喷动流化床造粒：喷动流化床造粒和流化床喷雾造粒类似，也是将可以泵送和雾化的料液喷成雾状，然后落在床层中热的种子颗粒上干燥，一步直接生成固体颗粒。在流化床造粒过程中，温度和气速是影响造粒结果的两个最重要的因素。喷动流化床存在两股气体，气速较大的喷动气和气速较小的流化气，其中流化气作为一种辅助气体使得床层内颗粒有着更好的流动特性。在床中心的稀相中，颗粒被冲到床室的顶部，失去动能，从床顶部的外围落下，向下滚动至密相物料中，然后在粒化室底部被气流冲起来。喷动流化床固体颗粒的生成，不依靠床层的搅拌。在造粒过程中，熔融液或溶液以雾状喷进装有产品细颗粒的由热空气作喷动气和流化气的喷动流化床内，产品细颗粒在床内循环的周时被沉积在其表面的熔融液（或溶液）或其反应产物一层层地覆盖，直到形成球形度很好的、均匀的最终产物。

振动流化床造粒：物料自进料口进入机内，在振动力作用下，物料沿水平方向抛掷向前连续运动，热风向上穿过流化床同湿物料换热后，湿空气经旋风分离器（或脉冲式布袋除尘器）除尘后由引风机排出，干燥物料由排料口排出，然后收集包装。

4.5 成型设备

成型是陶瓷材料制造的重要工序，将配料做成规定尺寸和形状，并具有一定机械强度的生坯。成型方法有干压成型、半干压成型、可塑成型、注浆成型、等静压成型等。其中，压制成型为将干粉状坯料在钢模中压成致密坯体的一种成型方法；可塑成型是指利用模具或刀具等运动所产生的外力对具有塑性的坯料进行加工，使坯料在外力作用下产生塑性形变而成型的方法；注浆成型是指将瘠性料在温度及塑化剂的作用下，制成具有一定流动性及悬浮性的浆料，再注入模型（如石膏）中凝固成型的方法；等静压成型指粉料在弹性封套中各个方向同时均匀受压的一种技术。

4.5.1 液压成型机

液压成型机以液体为工作介质，液体在密闭容器中传递压力时遵循帕斯卡定律，一个完整的液压系统由五个部分组成，即动力元件、执行元件、控制元件、辅助元件（附件）和液压介质。液压成型机按传递压强的液体介质种类来分类，有油压机和水压机两大类。以油压机为例，液压成型机通过液压泵作为动力元件，将原动机的机械能转换成液体的压力能。液压泵指液压系统中的油泵，它向整个液压系统提供动力。液压泵的结构形式一般有齿轮泵、叶片泵和柱塞泵。液压成型机靠泵的作用力使液压油通过液压管路进入油缸/活塞,液压缸和液压电动机作为执行元件的作用是将液体的压力能转换为机械能,驱动负载做直线往复运动或回转运动。油缸/活塞里有几组互相配合的密封件,使液压油不能泄漏。控制元件(各种液压阀)在液压系统中控制和调节液体的压力、流量和方向。根据控制功能的不同,液压阀可分为压力控制阀、流量控制阀和方向控制阀;根据控制方式不同,液压阀可分为开关式控制阀、定值控制阀和比例控制阀。辅助元件包括油箱、滤油器、油管及管接头、密封圈、快换接头、高压球阀、胶管总成、测压接头、压力表、油位油温计等。液压油是液压系统中传递能量的工作介质,有各种矿物油、乳化液和合成型液压油等几大类。

油压装置是由油压泵、油压缸、油压控制阀和油压辅助元件组成。液压成型机的规格一般用公称工作力(千牛)或公称吨位(吨)表示。锻造用液压成型机多是水压机,吨位较高,大型锻造水压机常用较高压强(35MPa 左右),有时也采用 100MPa 以上的超高压。其他用途的液压成型机一般采用 6~25MPa 的工作压强。油压机的吨位比水压机低。

液压成型机工作原理如图 4-17 所示:两个充满工作液体的具有柱塞的容腔由管道相连,大、小柱塞的工作面积分别为 S_2、S_1,当小柱塞上的作用力为 F_1 时,大柱塞上将产生向上的作用力 F_2,根据帕斯卡原理,密闭液体压强各处相等,$F_2=F_1\times S_2/S_1$,由于液压的增益作用,力增大了,从而迫使制件变形。

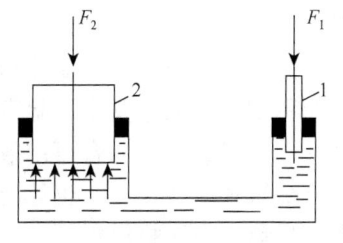

图 4-17 液压成型机工作原理示意图
1. 小柱塞;2. 大柱塞

液压成型机是一种利用液体静压力来加工金属、塑料、橡胶、木材、陶瓷粉末等制品的机械,它常用于压制工艺和压制成型工艺,如锻压、冲压、冷挤、校直、弯曲、翻边、薄板拉深、粉末冶金、压装等。粉末液压成型机广泛应用于各种金属粉末、磁性粉末、陶瓷粉末、硬质合金制品、药品等在刚制模具中实现压制成型,如图 4-18 和图 4-19 所示。

模压成型又称干压成型,将粉料填充到刚性金属模具中,通过单向或双向加压,将粉料压制成所需形状。该方法操作简单、生产效率高,易于自动化,是无机材料工业中常见的成型方法。在干压成型中,往往需要加入一定种类和数量的添加剂,促进成型工艺的顺利完成,如润滑剂、黏结剂、表面活性剂等。

4.5.2 摩擦压力机

摩擦压力机是一种采用摩擦驱动方式的螺旋压力机,又称双盘摩擦压力机、

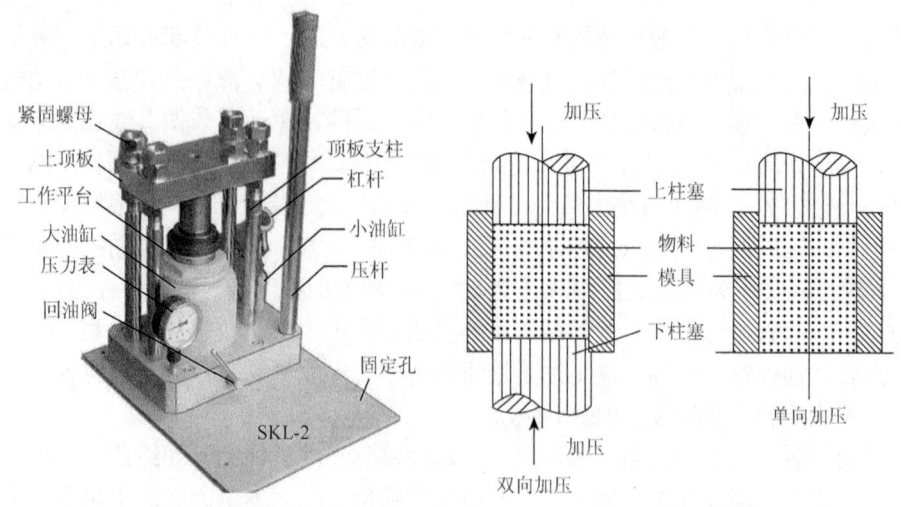

图 4-18　小型液压成型机结构示意图　　图 4-19　模压成型示意图

金属锻造车间的压力机生产群，它利用飞轮和摩擦盘的接触传动，并借助螺杆与螺母的相对运动原理而工作。摩擦压力机应用较广泛，在压力加工的各种行业中都能使用，可用来完成模锻、镦锻、弯曲、校正、精压等工作。

但摩擦压力机在动能传动的过程中能量损耗大、机件易损、工作效率低、工人劳动强度大、安全风险高，故已被列入"淘汰落后生产能力、工艺和产品目录"，多数生产场合可用液压成型机、电动螺旋压力机、数控压力机替代，在资金短缺的情况下，也可通过伺服电机数控改造对原摩擦压力机进行升级改造。目前，在无机材料领域，摩擦压力机仍广泛用于瓷砖、陶瓷、耐火材料制品的干压成型生产。

双盘摩擦压力机属于螺旋压力机的一种传统的结构形式，其主要特征是飞轮由摩擦机构传动（图 4-20）。机器的传动链由一级皮带传动、正交圆盘摩擦传动和螺旋滑块机构组成。其工作原理为：电动机通过三角带带动传动轴朝一个方向旋转（从机器左侧看为顺时针旋转），安装在传动轴上的左右两个摩擦盘随传动轴一起旋转。当按动滑块下行按钮，换向阀换向，操纵缸活塞向下移动，经杠杆系统使主轴沿轴向右移，左摩擦盘压紧飞轮，依靠摩擦，驱动飞轮旋转（从机器上方俯视为顺时针方向旋转）通过螺旋机构将飞轮的圆周运动转变为滑块的直线运动。滑块通过模具接触工件后，飞轮及滑块在运动中积蓄的能量全部释放，飞轮的惯性力矩通过螺旋机构转变为滑块对工件的锻击力，一次锻击结束后，按滑块上升按钮，换向阀换向，操纵缸活塞向上移动，经杠杆系统，右摩擦盘压紧飞轮，飞轮反向旋转，滑块回程，滑块上升到预定位置时，换向阀换向，复位弹簧使摩擦盘恢复中位，同时制动动作使滑块停止在设定的位置。此时本机的一次工作循环即完成。

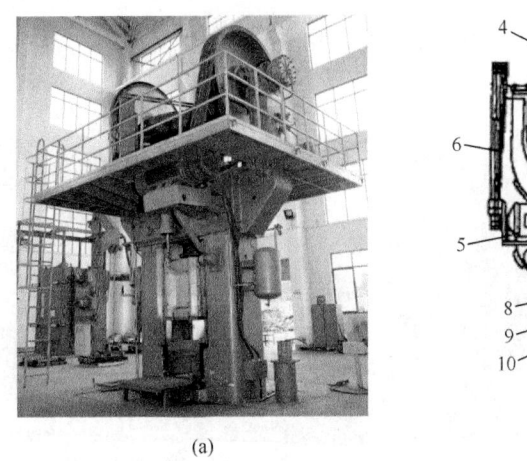

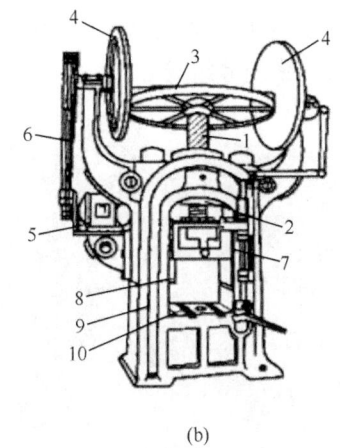

图 4-20 双盘摩擦压力机外观图（a）和结构图（b）
1. 螺杆；2. 螺母；3. 飞轮；4. 圆轮；5. 传动带；6. 电动机；7. 滑块；8. 导轨；9. 机架；10. 机座
图（a）引自昆山市华东锻造有限公司网页 http://www.ks-hddz.cn

4.5.3 等静压成型机

等静压成型机原理为帕斯卡原理，也称静压传递原理，其主要内容是，加在密闭液体上的压强能够大小不变地由液体向各个方向传递，也就是说，在密闭容器内，施加于静止液体上的压强将以等值同时传到各点。按样品成型和固结时的温度分类，可将等静压技术分为冷等静压、温等静压和热等静压三种。冷等静压技术是指在室温环境下进行的等静压成型技术，通常用橡胶和塑料作包套模具材料，以液体为压力介质，压力为 100～630MPa，主要用于粉末成型，其目的是为下一步烧结或热等静压等工序提供预制品。温等静压技术一般指压制温度不超过 500℃ 的等静压成型技术，使用特殊的液体或气体传递压力，使用压力为 300MPa 左右，主要用于在室温条件下不能成型的粉体物料（如石墨、聚酰胺、橡胶等）的压制，以使其能在较高的温度下制得坚实的坯体。热等静压技术是一种在高温和高压同时作用下，使物料经受等静压的工艺技术，一般采用氩、氦等惰性气体作为压力传递介质，包套材料通常为金属或玻璃，工作温度范围为 1000～2200℃，工作压力范围为 100～200MPa。它不仅用于粉体的成型与烧结，还用于工件的扩散黏结、铸件缺陷的消除、复杂形状零件的制作等。

冷等静压机能使粉末原料获得高密度、各向同性的制品，因而广泛应用于电子陶瓷、耐火材料、石墨碳素材料、超硬及复合材料等行业中粉末制品的半成品成型。冷等静压机制品非常利于机械加工，并减少烧结收缩，还可以生产各种形状复杂的制品。

如图 4-21 和图 4-22 所示，冷等静压机主要由弹性模具、缸体（高压容器）、框架、液压系统等组成。

图 4-21　大型冷等静压机的外观图
图片引自宝鸡云泰新材料科技发展有限公司
网页 http://www.bjytxcl.com/

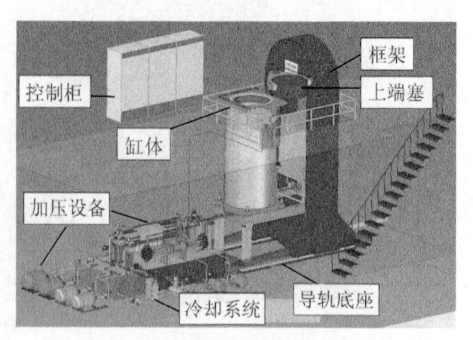

图 4-22　冷等静压机的结构图

1. 弹性模具

模具用橡胶、浸渍乳胶、聚氯乙烯、硅有机树脂、聚氨基甲酸酯等材料制成。成型物料的颗粒大小和形状对模具寿命有较大影响。模具设计是等静压成型的关键，坯体尺寸的精度和致密均匀性与模具关系密切。将物料装入模具中时，其棱角处不易被物料充填，可以采用振动装料，或者边振动边抽真空，效果更好。作为等静压系统的传压介质，应选择对人体无害、压缩性小、无腐蚀和与模具相容的液体，一般采用蓖麻油、乳化液、煤油以及煤油和变压器油的混合液，也可选用水作为工作介质。

2. 高压容器

高压容器是冷等静压设备中的主要设备，是粉末压制成型的工作室，必须有足够的强度和可靠的密封性。容器缸体的结构主要有螺纹式和框架式两种。

螺纹式缸体结构：缸体是一个上边开口的坩埚状圆筒体，在外面常装加固钢箍，形成双层缸体结构。在工作过程中，内筒处于受压状态，外筒处于受拉状态。缸筒的上口用带螺纹的塞头连接和密封。这种结构制造起来较简单，但螺纹易损坏，安全可靠性较差，工作效率较低。

框架式缸体结构：主要由圆筒状缸体和框架组成，首先用机械性能良好的高强度合金钢加工出芯筒，然后用高强度钢丝按预应力要求缠绕在芯筒外面，形成一定厚度的钢丝层，使芯筒承受很大的压应力。这样一来，即使在工作条件下，芯筒也不承受拉应力或只承受很小的拉应力。筒体内的上塞和下塞是活动的，无螺纹连接，工作过程中缸体的轴向压力靠框架来承受，这样就避免了螺纹结构中的应力集中现象。结构中的框架为缠绕式结构,是由两个半圆形梁和两根立柱拼合后,用高强度钢丝预应力缠绕而成。框架式缸体结构受力合理,抗疲劳强度高,工作安全可靠,对于缸体直径大、压力高的情况,更具有优越性。

3. 液压系统

液压系统是以油液作为工作介质,利用油液的压力能并通过控制阀门等附件操纵液压执行机构工作的整套装置。液压系统的传统元件为液压泵,液压泵是将原动机的机械能转换成液体的压力能,向整个液压系统提供动力的设备,通常采用柱塞高压泵(一般由电动机皮带轮带动曲轴推动柱塞做往复运动)和超高压倍增器(由大面积活塞缸推动小面积柱塞高压缸做往复运动)。

4.5.4 离心注浆机

离心注浆机由动力传动装置、主轴、注浆头、注浆阀和滑动皮轮等组成(图 4-23)。离心注浆机工作时,靠主轴旋转产生的离心作用,将泥浆吸附于石膏模子的表面,使其能在较短的时间内成型。注浆头的升降、注浆阀的启闭等分别由凸轮机构控制。料浆离心旋转时,料浆中的起泡较轻,在模型旋转时多集中在中部,最后起泡破裂消失,泥浆中空气消除。离心注浆时,泥浆中固体颗粒的尺寸不能相差太大,否则粗颗粒会集中在坯体内部,细颗粒会集中在模型表面,造成组织不均匀,收缩不均匀。大件制品离心注浆时一般应控制转数在 100r/min 以下,以免造成制品不稳定,若转数过小,则会出现泥纹。

图 4-23 日用陶瓷环形离心注浆机示意图
图片引自东莞市金日陶瓷机械有限公司网页 http://www.dgjinri.com/

注浆法的优点是:工艺简单,操作技术要求不高,能制造外形复杂、中孔不规则和其他一些可塑法、干法难以成型的制品,如口小腹大的套管、弯管等;注浆法的缺点是:劳动强度较大,效率较低,不易实现自动化;生产周期长,所用模具多;坯体致密度低,机械强度低,收缩率大,尺寸误差大。

4.5.5 热压铸机

热压铸成型又称热压注成型，是在较高的温度下（80~100℃），使无可塑性的瘠性陶瓷粉料与少量黏合剂（如石蜡）均匀混合形成可流动的浆料，在一定压力下注入金属模具中成型，冷凝后坯体凝固形成半成品，再经去除黏合剂（排蜡）和焙烧而成制品。这种方法所成型的制品尺寸较准确，光洁度较高，结构紧密，是生产特种陶瓷的较广泛的一种生产工艺。

热压铸机通常包括浆筒、注浆管、油浴箱、电加热装置、气动压紧装置、蜡浆自动控温装置、工作台、机架、压缩空气源、管路、气阀及模具等（图4-24）。将配制好的料浆蜡板放置在热压铸机筒内，加热至一定温度熔化，在压缩空气的驱动下，将筒内的料浆通过吸铸口压入金属模腔，根据产品的尺寸和形状保压一定时间，然后去掉压力，在模腔中冷却成型，脱模，去除坯体，加工处理（车削、打孔等）。在生产中使用的热压铸机有手动式和自动式两类。热压铸件在烧成前须经排蜡工艺。通常排蜡温度为900~1100℃，但也要视坯体的性质而定。热压铸机具有构造简单、操作方便、劳动强度低、生产效率高、模具磨损小、寿命长等优点，适合于制备形状复杂、精度要求较高的中小型新型陶瓷制品的成型；缺点是工序复杂，能耗较大，排蜡时间较长，烧成后制品致密度较低等。

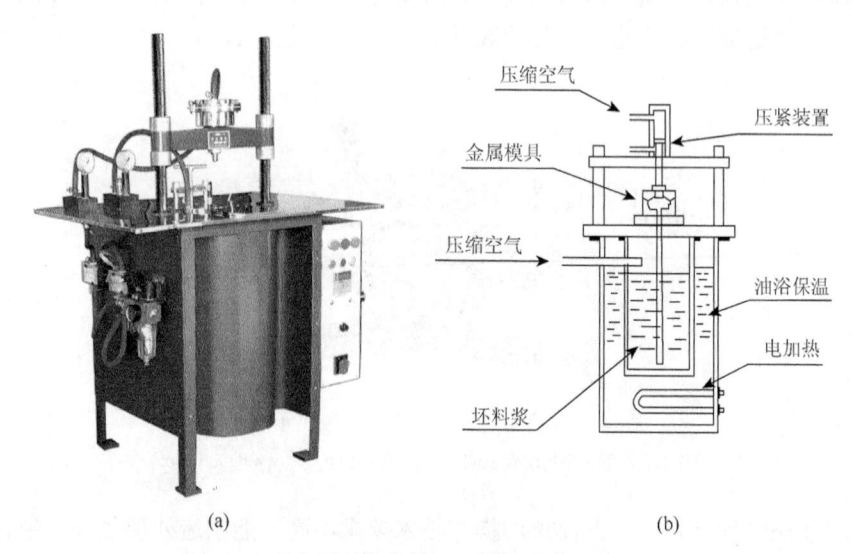

(a)　　　　　　　　(b)

图4-24 热压铸机外观图（a）及结构示意图（b）

图片引自鹤壁市金泰陶瓷机械设备厂网页 http://www.hbjttj.com/

4.6 干 燥 设 备

干燥的目的是排除坯体中的水分，同时赋予坯体一定的干燥强度，满足搬运以及后续工序（修坯、烧结、施釉）的要求。

干燥过程既是传质过程也是传热过程。在陶瓷坯体中，颗粒与颗粒间形成空隙，这些空隙形成了毛细管状的支网，水分子在毛细管内可以移动。在对流干燥中，热气体以对流方式把热量传给物料表面。物料表面得到热量后，以传导方式将热传至物料内部。表面得到热量后，坯体的水分蒸发并被介质带走，坯体与介质之间同时进行能量交换与水分交换两个作用。同时坯体表面的水分浓度降低，表面水分浓度与内部水分浓度形成一定的湿度差，内部水分就会通过毛细管作用扩散到表面，再由表面蒸发，直至物料干燥。在干燥过程中，直到坯体中所有机械结合水全部除去为止。

在排除机械结合水的同时，坯体的体积发生收缩，并形成一定的气孔。全部干燥过程可分为三个阶段：第一阶段，只有收缩水的蒸发，没有气孔形成，脱水时黏土颗粒互相接近，收缩急剧进行，此时制品减小的体积等于除去水分的体积；第二阶段，不仅有收缩水的排除，还有气孔水的排除，即水除时既产生坯体收缩，又在坯体中产生部分气孔；第三阶段，收缩停止，除去水分的体积等于形成气孔的体积。

坯体在干燥过程中内部和表面的水分梯度会使坯体中出现不均匀收缩，从而产生应力。当应力超过成塑性状态坯体的强度时就会引起开裂。另外，坯体干燥过程中，若内部和外表的温度梯度与水分梯度相差过大，会产生表面龟裂。已干燥的陶坯移至潮湿空气中时，会从周围介质中吸湿，在坯体表面形成吸附结合水膜导致微细裂隙出现。随吸附水增多，裂纹会扩大。当可塑泥团组成和水分不均匀时，挤制后坯体中将存在结构条纹，干燥过程将形成结构条纹。压制成型的粉粒之间的空气未排出时，也会使坯体形成不连续结构，干燥时出现层状结构裂纹。

陶瓷坯体和原料的干燥方法及设备类型很多。干燥的方法主要有自然干燥和人工干燥两大类，陶瓷工业一般采用人工干燥法。按操作方法一般分为间歇式、连续式；按加热方式分为传导式、对流式、工频式和辐射式等；按结构特点分为坑式、室式、隧道式、喷雾式和转筒式等。

人工干燥法根据传热给物料的方式和获取热能形式的不同，可以分为热空气干燥、辐射干燥、工频电干燥、高频电干燥和微波干燥五种。

4.6.1 热空气干燥

热空气干燥是以对流传热为主，以热空气为干燥介质将热量传给坯体，又将坯体蒸发的水分带离坯体表面；适用于含水量小于 8%的坯件。热空气主要来源于窑炉冷却带的余热、烟气换热后的热空气、蒸汽换热后的热空气及燃料加热炉生成的热空气等。此类干燥按运转方式可分为连续式干燥器和间歇式干燥器，连续式干燥器包括隧道式（图 4-25）、辊道式和吊篮式；间歇式主要是室式干燥器（图 4-26）。热空气干燥技术是陶瓷、耐火材料等工业应用最广泛的干燥技术，能源来源方式有天然气燃烧、煤炭燃烧及电炉等三种方式。

图 4-25　热空气隧道式干燥

图 4-26　热空气室式干燥外观图

图片引自北京东方昊为工业装备有限公司网页 http://www.howail.cn/

　　隧道式干燥窑（干燥机）是为无机材料工业生产常用的热空气干燥设备，可进行连续性烘干作业（图 4-27）。它一般都是人工砌炉，中间是风道，两边是隧道，炉子烟气从较粗的烟气管道中穿过，风机吹烟道换出热风，炉体与大地直连。隧道式干燥机主要有干燥窑（室）、烘干车、料盘、供风系统、热风炉、自动电控系统等构成。工作时，将待干燥的物料置于烘干车上，烘干车从干燥室入口依次进入，与此同时，热风由供风系统从干燥室出干料端送入，与烘干车运行逆向，与物料进行充分的接触。干燥室自动控温，湿气由引风机自动排出。

　　圆筒干燥机（烘干机）在硅酸盐工业生产中应用广泛，主要用于连续干燥颗粒状或小块物料（图 4-28 和图 4-29）。干燥介质通常使用热烟气或热空气，以对流传热为主。圆筒干燥机的筒体为一个可做回转运动的金属圆筒，直径一般为 1～3.3m，长径比为 5～10，斜度为 3%～6%。圆筒干燥机物料填充系数一般为 10%～15%，物料填充系数增加会增加电动机负荷。干燥介质在引风机的负压作用下进入干燥机筒体，湿物料由喂料装置加入干燥机。由于筒体有一定斜度且不断地回转，促使物料不断地由高端移向低端，在运动过程中与干燥介质进行热交换，逐渐被干燥。干燥后，干料卸出，废气经收尘后排入大气。

第 4 章　无机材料生产设备

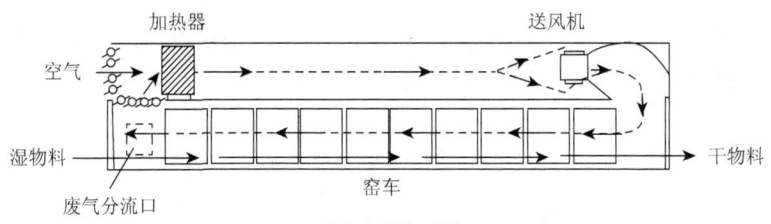

(a) 逆流式隧道干燥机

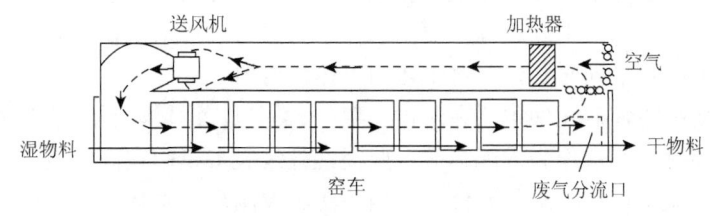

(b) 顺流式隧道干燥机

图 4-27　隧道式干燥示意图

图 4-28　回转圆筒干燥机外观图

图片引自成都旭腾干燥设备有限公司网页 http://www.xtdry.com/

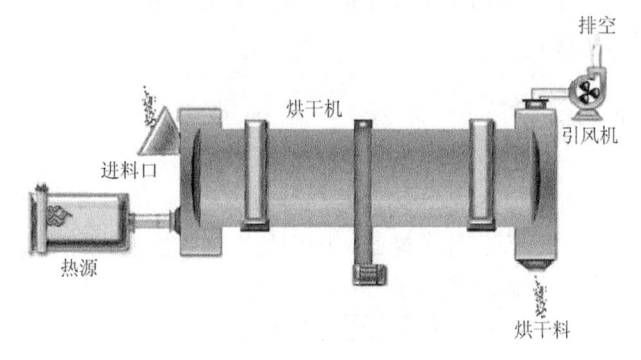

图 4-29　回转圆筒干燥机结构示意图

圆筒干燥机的优点是产量大,流体阻力小,操作稳定可靠,对物料适应性强,成本低,结构简单。缺点是设备投资大,能耗较高。

4.6.2 辐射干燥

辐射干燥通过辐射传热,将湿物料加热进行干燥。水是红外敏感物质,在红外线作用下,水分子的键长和键角振动,偶极矩反复改变,吸收的能量和偶极矩变化的平方成正比。干燥过程主要由水分子大量吸收辐射能,因此干燥效率高,且辐射与干燥几乎同时开始,对生坯的干燥较均匀。

目前采用的辐射元件主要有两种类型:一类是红外灯泡,能够产生65%~70%的红外线辐射,其余作为光能释放,此类红外线大多集中在高频段,故干燥效果一般;另一类是远红外辐射元件,它由热源、保温层、基体和辐射层组成。热源采用电热、煤气加热等方式通过基体给辐射层提供能量;保温层的作用是隔热保温、减少热损失;基体的作用为传递热能,要求导热性能好、辐射率或反射率高,且与辐射层膨胀系数相近,基体可以是钢板、铝合金或陶瓷碳化硅材料;辐射层的作用是将热能有效地转换为远红外辐射线来干燥物体。常用的涂层材料包括氧化铁、氧化铬、氧化钛、氧化硅、氧化锰、氧化镍等,涂层厚度为0.2~0.5mm。

4.6.3 工频电干燥

将工频交变电流直接通过被干燥坯体内部进行内热式的干燥方法称为工频电干燥。因为未干燥的泥坯中含有不同程度的水分,而水分是能导电的,通过工频电流使坯体内部发热,所以利用发热将水分从坯体中蒸发出去。此法干燥较均匀,设备简单,单位能耗低,周期短,操作方便。不足之处是当坯体内部水分含量很低时,蒸发单位质量的水分所消耗的电能急剧增大,坯件升温速度快,易开裂。因此,一般工频电干燥适用于水分含量17%~19%大型泥坯的干燥。水分含量低时应采用热空气干燥。

4.6.4 高频电干燥

高频电干燥是把未干燥的坯体放在高频电场(5×10^5~6×10^5Hz)中,使坯体内产生张弛式极化,产生分子摩擦,因而使物体发热而进行干燥。坯体中在高频交变电场中,坯体内的极性分子(主要为水分子)根据外电场方向趋于转向成线状排列,当电场方向改变,偶极子也随电场方向变换而运动,偶极子在旋转运动中要克服质点间的摩擦力,必然导致能量损耗,转变为热能,达到加热干燥的目的。这种干燥方法是由于坯体内极性分子反复运动而产生的热能,所以坯体加热迅速、均匀，使坯体加热快、内外一致。坯体中水分含量越高，或电场频率越高，则介电损耗越大，也就是产生的热能越多，干燥速度越快。

高频电干燥在干燥过程中，随着表面水分的气化，坯体内外形成温度梯度，其温度降的方向与水分移动的方向一致，使干燥时坯体中的水分梯度很小，干燥速度较快而不产生废品。此外，高频电干燥还可以集中加热坯体中最湿的部分，坯体也不需要与电极直接接触。适用于干燥形状复杂的难于干燥的厚壁坯体的干燥。高频电干燥电能消耗是工频电干燥的 2~3 倍，设备费用高，目前应用受限。

4.6.5 微波干燥

微波干燥是将微波导入湿物料中，湿物料吸收微波后转变为热能进行干燥。微波干燥法是由微波辐射激发坯体水分子高频振动，产生摩擦而转化为热能使生坯干燥的方法。微波干燥器以微波源为主要工作部件，微波是指频率为 300MHz~300GHz，波长为 1mm~1m 的电磁波。微波加热所用的频率一般被限定在 915~2450MHz，微波装置的输出功率一般在 500~5000W。水能强烈地吸收微波，故含水物质都可以通过微波加热进行干燥。

微波干燥的加热原理和高频介质加热完全一致。在电磁场作用下，极性分子水由原来随机分布状态转向依照电磁场的极性排布，并随电磁场的频率不断变化，由于微波是一种高频交变电场，相当于外加电场方向频繁变化，水分子就会强烈吸收微波，随着电场方向的变换而高频振动，水分子之间产生剧烈碰撞与摩擦，从而实现电场的场能转化为介质内部的热能，故能使湿物料中水分获得能量而发生气化，使物料干燥。陶瓷原料

图 4-30 微波干燥设备外观图
图片引自东莞市齐协微波设备有限公司
网页 http://www.dgqixie.com/

通过微波干燥不存在变形和开裂问题，可以较快的速度进行。微波干燥具有热效率高、便于控制、干燥设备体积小等优点。缺点是微波辐射对人体有害，微波干燥设备费用较高。微波干燥设备如图 4-30 所示。

4.7 施釉设备

在已干燥的陶瓷坯件上或经过素烧的制品上，覆盖一层磨得很细的由长石、石英、黏土及其他矿物组成的物料，这层物料经高温焙烧后能形成玻璃态层物质，这一工艺操作称为施釉或上釉。釉一般具有光亮、半透明、圆滑和不透水等性质。

施釉的作用和目的包括：①釉能提高瓷体的表面光洁度，改善抗污秽性，抗吸水性，遮盖坯体的某些瑕疵等；②釉可提高瓷件的力学性能和热学性能；③提高瓷件的电性能，如压电、介电和绝缘性能；④改善瓷体的化学性能；⑤使瓷件与金属之间形成牢固的结合；⑥釉可以增加瓷器的美感，艺术釉还能够增加陶瓷制品的艺术附加值，提高其艺术欣赏价值。

釉的分类有以下几种：

（1）按釉中主要助熔物划分：铅釉、石灰釉、长石釉等。

（2）按釉的制备方法划分：生料釉，即指釉料配方组成中未使用熟料——熔块的釉；熔块釉，即指由熔块与一些生料按配比制作而成的釉料。熔块是指部分原料预先熔制成熔块的形式。

（3）按照釉的烧成温度划分：易熔釉或低温釉，指熔融温度一般不超过1150℃的釉；中熔釉或中温釉，指熔融温度一般在1150～1300℃的釉；难熔釉或高温釉，指熔融温度一般达1300℃的釉。

（4）按釉烧成后外观特征和具有的特殊功能划分：透明釉、乳浊釉、画釉、结晶釉、纹理釉、无光釉、蜡光釉、荧光釉、香味釉、金属光泽釉、彩虹釉、抗菌釉、自洁釉等。

（5）按釉的用途划分：装饰釉、电瓷釉、化学瓷釉、面釉、底釉、钧釉等。

坯件在施釉以前，应清除表面上的灰尘，以防止施釉过程中可能产生的针孔、缩釉、缺釉等缺陷，提高施釉的质量。对于坯件的装烧部位和其他规定不施釉的部位要上蜡。在先进的施釉设备上，往往具有清灰、上蜡等功能。

施釉的方法主要有浸釉法、淋（浇）釉法、喷釉法、滚釉法、刷釉法及静电施釉法等几种。以上方法可通过手工施釉以及各种类型的施釉机械设备实现。施釉方法及其工具和设备的选择和设计，是根据产品的形状、尺寸及生产上的工艺要求等因素确定的。大多数产品采用浸釉法，大型产品用淋釉法，画筒形产品用滚釉法，形状复杂的产品可用静电施釉法。

4.7.1 浸釉法设备

浸釉是指将坯体浸入釉中片刻后取出，利用坯体的吸水性使釉浆附着于坯上。釉层厚度由坯的吸水性、釉浆浓度、浸渍时间进行控制。图4-31所示浸釉机主要用于大棒形产品的施釉。

该浸釉机在机架上装有两个水平轴。两轴各有电动机传动。每个轴上套有两个可轴向移动的皮带轮。开始时，开动两台电动机使皮带轮旋转，把连接在两相对皮带轮上的皮带拉紧。皮带拉紧后电动机自动停转。此时，把坯件的两端放在皮带上面，然后开动电动机放松皮带，使坯件边旋转边下落浸入釉池中。浸好釉

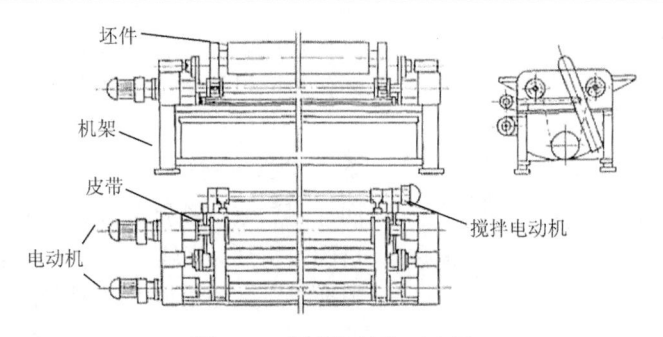

图 4-31 浸釉机结构示意图

后，卷回皮带，坯件从釉池中升起，继续旋转，至釉面微干后又把皮带拉紧，取下坯件。整个施釉过程按程序控制。只要分别调节两台电动机的转向和转速，就可达到上述施釉操作的要求。釉池内装有摆式搅拌机，并用釉泵定时向釉池添加釉。

4.7.2 淋（浇）釉法设备

淋（浇）釉是将釉浆浇到坯体上，使釉浆挂附在坯体上的施釉方法。在陶瓷生产中，常见的淋釉设备有钟罩式淋釉机、扁平槽式淋釉机、直线式淋釉机等。

钟罩式淋釉机结构示意图和外观图如图 4-32 和图 4-33 所示，釉浆经供釉管流到储釉杯中，然后从淋釉钟罩之间的长方形扁口中自然留下，在淋釉钟罩表面形成一弧状釉幕。坯体经送坯皮带从釉幕下通过，坯体表面就黏附一层釉料。多余的釉浆由底部回釉槽收集后回收再用。

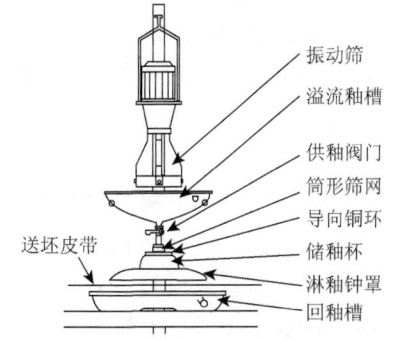

图 4-32 钟罩式淋釉机结构示意图

图 4-33 钟罩式淋釉机外观图

图片引自亿和陶瓷机械设备有限公司网页 http://www.yhtaoji.com/

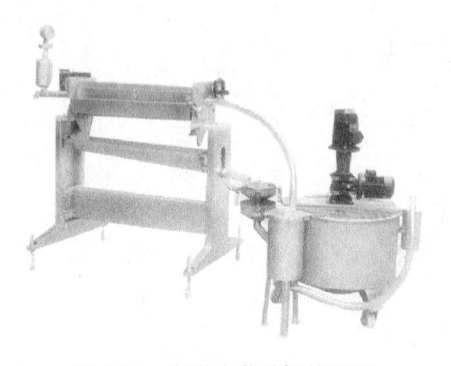

图 4-34　直线式淋釉机外观图
图片引自佛山智力机械有限公司
网页 http://www.zhilijixie.com/

直线式淋釉机（图 4-34）采用淋釉头在坯体表面淋施釉。釉浆经供釉管流到储釉杯中，从淋釉头中自然留下，形成一直线状釉幕。坯体经送坯皮带从釉幕下通过使坯体表面挂附釉浆。多余的釉浆由底部回釉槽收集后回收再用。直线式淋釉机所施釉膜厚度调节容易，施釉量调节范围广，在建筑陶瓷行业广泛使用。

4.7.3　喷釉法设备

喷釉法是指利用压缩空气将釉浆通过喷枪或喷釉机雾化喷到坯体表面。此种施釉方法适合于大型产品及造型复杂或需要多次施釉的产品。喷釉机由釉箱、喷嘴及传动装置组成，釉箱为密闭容器，喷嘴安装在釉箱上，釉浆靠重力或用泵送入喷嘴，雾化空气由空气机或空压站提供，压力一般为 0.2～0.4MPa。釉层厚度与坯和喷口间距离、喷釉压力、喷浆密度等因素有关。

喷釉法是目前陶瓷生产中使用广泛的方法。过去多使用人工喷釉，现在已发展到用机械手喷釉和利用静电施釉。机械手喷釉属于自动喷釉，其全套设备主要包括坯体传输联动线、可控制转动角度的承坯台、喷枪及其控制系统等（图 4-35）。目前所用的机械手有两种，一种是示教式机械手，使用前先由一名熟练的喷釉工，手动控制机械手上的喷枪进行施釉，在完成全套操作后，计算机即将这些操作程序记忆在机器里，以后的操作就可直接由机械手照样完成；另一种是编程式机械手，使用前需先由编程人员根据产品施釉的操作过程参数，编成机器能够识别的程序，输入计算机内，计算机即能按规定的程序操纵机械手进行施釉。机械手

图 4-35　机械手喷釉外观图
图片引自佛山市新鹏机器人技术有限公司
网页 http://www.kingpeng-robotics.com/

喷釉仍然是利用喷枪进行施釉，其釉浆雾化、沉积的原理与人工喷釉基本一致。因此，对所用釉浆的工艺参数、釉层厚度等也与人工施釉相同。静电施釉是通过高压静电施釉装置使雾化后的釉颗粒带负电，在电场力的作用下，被带异性电荷（正电）的坯体吸引，并被吸附于坯体上从而在坯体上形成均匀的釉层。高压静电施釉装置的核心部件是高压静电发生器，它能将输入的 220V 交流电经工频倍压

整流，转变为 100～150kV 电压，使坯体与喷釉嘴之间的空气电离。高压静电施釉具有施釉质量好、生产效率高、劳动强度低、浪费少等优点。

4.8 烧 成 设 备

烧成是无机材料制品生产过程中的关键工序。陶瓷、耐火材料、水泥、玻璃等产品都是需要置于高温下经煅烧、烧结或熔制而制得的。烧成所需设备为窑炉。

4.8.1 回转窑

回转窑是指旋转煅烧窑（俗称旋窑），在水泥生产中主要用于煅烧水泥熟料，在耐火材料等企业用于焙烧矿物原料（图 4-36）。物料在回转窑内煅烧的过程是生料从窑的冷端（高端）喂入，由于窑有一定的倾斜度，且不断回转，因此生料连续向热端移动。燃料自热端喷入，在空气助燃下燃烧放热并产生高温烟气，热气在鼓风机的驱动下，自热端向次端流动，而物料和烟气在逆向运动的过程中进行热量交换，使生料烧成熟料。

图 4-36 回转窑外观示意图
图片引自河南红星矿山机器有限公司
网页 http://www.hxjq.net/

回转窑结构如图 4-37 所示，其主要部件包括窑体（身）、传动装置、密封装置及附属设备。

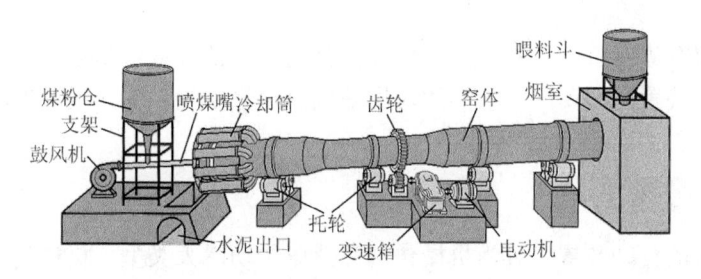

图 4-37 回转窑的结构示意图
图片引自河南红星矿山机器有限公司网页 http://www.hxjq.net/

1. 窑体

窑体是回转窑的最关键部件。回转窑的窑体通常长 30～150m，筒体又分成 3～10 段，由大型卡车运输到目的地后焊接而成，窑体与水平线成规定的斜度。窑体由钢板卷制而成，筒体内镶砌耐火材料，圆筒外面套装有几道轮带（又称滚圈或胎环），着落在与轮带相对应的托轮上。轮带是一个坚固的大钢圈套装在筒体上，支撑回转窑的全部重力。轮带附近的壁厚增大，以减少受压变形。托轮通过轴承支撑，轴承安装在水泥支座上，与地基相连。

  一套托轮装置包括两个托轮组和一个托轮支座，有的托轮装置上还有挡轮组，托轮组包括托轮、托轮轴和托轮轴承（图 4-38 和图 4-39）。液压挡轮起到限制和控制窑体轴向窜动的目的。

图 4-38　轮带和托轮外观图
图片引自河南康百万机械制造有限公司
网页 http://www.kangbaiwan999.com/

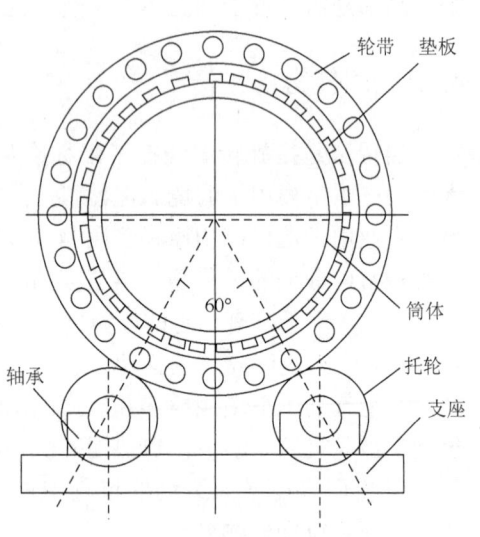

图 4-39　轮带和托轮结构示意图

  回转窑有进料口和下料口，它们和窑体的连接部分分别是窑尾罩和窑头罩。通常这两个装置是不动的，它们的作用是减少热量损失，在热气溢出时，使其不带出粉尘。

  2. 传动装置

  回转窑的传动装置可分为机械传动和液压传动两大类型。机械传动是水泥企业最常见的传动方式，机械传动式回转窑的传动装置主要包括主电动机、变速箱（主减速器）、齿轮装置及附属电动机、附属减速机、联轴器等。机械传动的一般通用结构形式是主传动电动机驱动变速箱，再带动一对开式齿轮，经这样多次变速后，与大齿圈相连的小齿轮能按操作所需要的转速传动。筒体上套有大齿轮，位置一般在回转窑的中部，大齿轮是由坐落在传动装置土建基础上的小齿轮来带动的。附属电动机、附属减速机在主传动电动机或者主电源发生故障或检修时，为保证温度均匀，避免筒体变形，起到缓慢旋转筒体的作用。

3. 密封装置

回转窑密封的作用是密闭回转窑、单筒冷却机及烘干机出入口连接处，防止其出现漏风、进风、漏灰现象。回转窑密封的主要形式为鱼鳞片密封、气缸式密封和石墨块密封。其中，鱼鳞片密封为现阶段最主流的密封形式，多层式鱼鳞片密封为柔性密封形式，最里面一层为耐磨层（耐热钢鱼鳞片），采用特殊的耐磨耐高温材料，并在接触摩擦部位加厚，使之使用寿命更长；中间一层为保温层（碳铝纤维复合板），采用耐高温、抗揉搓、保温隔热的柔性新型复合材料；最外面一层为保护层（防腐蚀鱼鳞片），主要起到保护保温层及耐磨层的作用，采用防腐蚀、耐温材料；三层鱼鳞片每一层均采用一片压一片的形式，保证密封效果更好。

4.8.2 隧道窑

隧道窑是现代化的连续式烧成的热工设备，其机械化程度高、生产效率高和劳动强度低，因而被广泛用于陶瓷、耐火材料等产品的焙烧生产（图4-40）。隧道窑是形状类似于隧道的窑，一般是一条长的直线形隧道，其两侧及顶部有固定的墙壁及拱顶，窑车在底部铺设的轨道上运行。隧道窑主体为各种建筑材料、耐火材料、保温材料砌筑构成的密封的、能够经受高温烘烤的隧道，坯体在窑车上依次通过隧道，同时在适宜的热工制度下加热、焙烧、冷却，最终获得性能稳定的制品。

图 4-40 卫生陶瓷隧道窑外观示意图
图片引自中国制造网网页 http://cn.made-in-china.com/

隧道窑沿窑长度方向分为预热带、烧成带、冷却带。隧道窑属于逆流操作的热工设备，即制品在窑体内与气流以相反方向运动，在三带中依次完成制品的预热、烧成、冷却的过程。燃烧设备设在隧道窑的中部两侧，构成了固定的高温带——烧成带；燃烧产生的高温烟气在隧道窑前端烟囱或引风机的作用下，沿着隧道向窑头方向流动，同时逐步地预热进入窑内的制品，这一段构成了隧道窑的预热带；在隧道窑的窑尾鼓入冷风，冷却隧道窑内后一段的制品，鼓入的冷风流经制品而被加热后，再抽出送入干燥器作为干燥生坯的热源，这一段便构成了隧道窑的冷却带。

隧道窑的主要工作系统包括窑体部分、排烟系统、燃料燃烧系统、抽余热系统、气幕搅动系统、推车系统、冷却系统、窑车回路系统。

（1）窑体部分是隧道窑的主要部分，窑体上设有各种气流进出口，窑体包括窑墙、窑顶和窑底。

窑墙的作用有三方面：①与窑顶一起将焙烧空间与外界隔开；②支撑窑顶；③保温隔热。窑墙通常由三部分组成：①工作层，位于最里层，直接接触火焰或高温，常用耐火材料砌筑；②保温层，处于中间层，选用轻质保温材料，既要隔热保温，又要保持长期安全不易损坏；③保护层，处于最外层，以建筑砖砌筑，起到保护窑体并密封的作用，也可围以薄金属板，使窑体更加美观。

窑顶是窑体的重要组成，对窑的寿命具有决定性影响，窑体支撑在窑墙上，窑顶材料必须能承受高温，且保温性能好、经久耐用。窑顶结构应严密不漏气并有利于窑内气流的合理分布。隧道窑的窑顶结构通常有三种形式：拱顶、吊平顶和吊拱顶。窑顶所用材料一般与窑墙相同，内衬耐火砖，中间保温材料，上面建筑砖铺平。

窑底为窑车衬砖。窑车的车架由型钢或铸铁制造，下部是车轴和车轮。车架上面由保温层和耐火衬砖覆盖。窑车两侧由曲封和砂封板密封，防止两侧漏气。窑车车架系统应十分坚固，具有足够的承载能力、抗变形和冲击能力。窑车衬料应具有足够的耐火度和较小的热膨胀系数。此外，衬料应具有较高的抗压强度，并应承受热冲击。焙烧窑道和窑车底下的空气要严密地分隔开，既不让窑内热气漏到车下，也不使焙烧窑道吸入窑车底下的冷空气。在隧道窑中，窑底系统的密封好坏严重影响其工作效果。当漏气严重时，会造成窑内温差增大、焙烧时间延长、燃料消耗提高等。

（2）排烟系统包括排烟口、支烟道、主烟道及烟囱。在烧成带产生的燃烧废气，进入预热带后经过窑墙上的排烟口排出窑外，排烟口设在两侧窑墙上靠近窑车面处，这样可使气流向下流动，减少预热带窑内断面的上下温差。排烟口主要分布在预热带，目的是将隧道窑内的燃烧废气引向支烟道；支烟道引导来自排烟口的废气进入主烟道；主烟道汇总各支烟道的烟气，并引向烟囱；烟囱将来自主烟道的废气送入高空大气。隧道窑排烟方式基本有三种：地下烟道排烟、金属支烟道排烟、窑墙内支烟道排烟。

（3）隧道窑的燃烧系统分布在烧成带，燃烧方式为用烧嘴将气体或液体燃料喷入燃烧室或直接喷入隧道窑。燃烧室分布在窑墙，布置在靠近窑车的台面上，可分为集中和分散分布、相对和相错分布、一排和两排分布。隧道窑的燃烧方式主要是重油、轻柴油、直燃煤、天然气和煤气。其中使用较多的是天然气和煤气。其中，天然气燃烧方式是通过天然气管道将天然气输送至窑炉的天然气烧嘴进行喷射燃烧；煤气燃烧方式大多备有煤气发生炉进行煤气的生产，由煤气发生炉所产生的煤气经过管道输送至隧道窑燃烧室，通过煤气烧嘴进行喷射燃烧。

（4）抽余热系统：冷却带窑内热气体经设在窑墙上的抽热口抽出窑外进行余热利用。隧道窑抽余热方式有金属管道抽热、窑墙内支烟道抽热两种。在隧道窑冷却带，烧好的制品与窑尾进入的冷空气相遇进行热交换，被加热的空气一部分进入烧成带作为助燃气体，另一部分抽出进行余热利用，如预热带预热、干燥窑干燥等。

（5）气幕搅动系统：气幕是指在隧道窑的横截面上，自窑顶及两侧窑墙上喷射出多股气流进入窑内，形成一片气体帘幕。气幕按其在窑上作用和要求的不同分为窑头封闭气幕、预热带循环扰动气幕、烧成带气氛气幕和冷却带急冷阻挡气幕。窑头封闭气幕形成微正压，避免冷空气进入窑内，起到封闭作用；预热带循环扰动气幕通过热空气扰动克服预热带气体分层、产生上下层温差的现象；烧成带气氛气幕在需要气氛改变处喷入热空气，使之与烧成带来的一氧化碳烟气结合燃烧成氧化气氛；冷却带急冷阻挡气幕位于冷却带开始端，使坯体急冷，并且防止烧成带烟气倒流至冷却带，避免产品熏烟。

（6）推车系统：负责往窑内推送窑车。主要设备为推车机，又称顶车机，是操纵窑车进入隧道的设备。推车机推动窑车时，窑内整个车列都在运动，窑头推进一部，窑尾就出来一部。一般隧道窑只在窑头设置一台推车机，但也有的窑在窑尾也设置一台推车机，将出窑的窑车推至回车线。在陶瓷工业上的推车机一般有两种形式：一种是液压推车机；另一种是螺旋推车机。其中液压推车机的推车顶杆通过液压驱动，窑车平稳性较好；螺旋推车机通过电动机推动，推力大，结构简单，但较为笨重，窑车的平稳性较差。

推车机的推车方式有两种：一种是连续推车，另一种是间歇推车。连续推车就是在进车的整个间隔时间内，除了在进车室要稍作停留外，其余时间内窑车都在顶车机的作用下缓慢地移动。这种推车方式适用于制品热敏感性较强、料垛稳固程度较差的情况。例如，日用陶瓷隧道窑即采用这种推车方式。与连续推车方式相适应的推车机为液压推车机。间歇推车就是进车时用推车机很快地将窑车推入窑内，其余时间内窑车都在窑内静止不动。这种推车机适用于热敏感性较差、料垛稳固程度较高的制品。例如，焙烧耐火砖材就可以用这种推车方式。与液压推车方式相适应的推车机为螺旋推车机。

（7）冷却系统设置在窑尾，通过冷却风机鼓入大量冷风冷却制品，冷却送风方式有集中送风和分散送风。

（8）窑车回路系统：包括窑内轨道和窑外轨道以及驱动设备。

广义上讲，隧道窑在整个焙烧过程中"火"是相对不动的，而制品按热工控制的要求依次向前移动，从而完成一系列焙烧过程。从这个意义上讲，辊道窑、推板窑、抽屉窑等均属隧道窑的范畴。

4.8.3 辊道窑

辊道窑是一种截面呈狭长形的隧道窑（图4-41）。与窑车隧道窑不同，它不是用装载制品的窑车运转，而是由一根根平行排列、横穿窑工作通道截面、间隔很密的耐火辊子组成"辊道"，陶瓷制品放在辊道上，随着辊子的转动使陶瓷制品从窑头传送到窑尾，在窑内完成烧成工艺过程，故称为辊道窑。辊道窑一般截面较小，窑内温度均匀，主要用于建筑卫生陶瓷制品的快速烧成。辊道窑的工作原理为：陶瓷坯体可直接置于辊子上或将坯体先放在垫板上，再将热板放在辊子上，由于辊子不断转动，坯体依序前进。每根辊子的端部都有小链轮，由链条带动自转，为了传动平稳、安全，常将链条分若干组传动。低温处的辊子用耐热的镍铬合金钢制成，高温处则以耐高温的陶瓷辊棒（如刚玉瓷辊棒或碳化硅辊棒）作为辊子。辊子长度可达2.5m，直径为25~27mm，要求直而圆，尺寸准确。

图4-41 辊道窑外观示意图
图片引自广东中窑窑业股份有限公司
网页 http://www.zhongyaokiln.com/

一般对建陶工业辊道窑结合燃料与加热方式进行分类，分为明焰辊道窑、隔焰辊道窑和电热辊道窑。其中，明焰辊道窑火焰进入辊道上下空间，与制品接触并直接加热制品，明焰可通过气烧（如天然气、发生炉煤气、石油液化气等）和烧轻柴油产生，一般供油系统比供气系统简单，投资也较少，因此国内近些年建造的明焰辊道窑大多为烧轻柴油的。隔焰辊道窑的火焰一般只进入与窑道隔离的马弗道中，通过隔焰板将热量辐射给制品并对其进行加热。隔焰辊道窑的火焰可通过煤烧或油烧（如以重油、渣油为燃料）来实现。电热辊道窑以安装在辊道上下的电热元件（硅碳棒或电热丝）作热源，对制品辐射加热，适用于电力资源丰富的厂家或小型辊道窑。辊道窑还可按工作通道的多少来分类，有单层辊道窑、双层辊道窑、三层辊道窑等。多层辊道窑可节省燃料，缩短窑长，减少用地，降低投资费用。但由于层数增多，入窑及出窑的运输线、连锁控制系统、窑炉本身结构都复杂化，给清除砖坯碎片是带来不少困难。我国目前大多采用单层辊道窑，有的采用两层通道，一层用来焙烧制品，另一层用于干燥坯体。干燥热源利用焙烧层的余热。辊道窑截面较小，窑宽可达2m左右，辊子上下可分布烧嘴，窑内温度均匀，适于快速烧成，且能与前后工序连成自动线。

辊道窑属于连续性生产的隧道式窑炉，如同窑车隧道窑一样，按制品在窑内进行预热、烧成、冷却三个过程，也可将辊道窑分为预热带、烧成带和冷却带。辊道窑外宽尺寸全窑一般无变化，故辊道窑一般按制品温度来划分：窑头至850～900℃作为预热带，850～900℃到制品成瓷温度（包括保温）为烧成带，余下部分为冷却带。辊道窑的工作系统包括窑体、烟气系统、燃料供应系统、排烟系统、冷却系统等。

辊道窑的窑体由窑墙、窑顶和窑底围成的窑道构成。明焰辊道窑的窑道中穿过辊子构成工作通道底面，辊道平面以上的窑道称为工作通道；隔焰辊道窑与明焰辊道窑有较大的区别，除窑道外，在预热带和烧成带还设有隔焰道（俗称火道），而且与明焰窑车隧道窑不同，隔焰道不是设在烧成带和预热带的两侧，而是设在烧成带和预热带的下部（故称下火道），火道与窑道用隔焰板隔开，火道底才是窑底。

4.8.4 推板窑

推板窑又称推板炉或推板式隧道窑，是一种以推板作为窑内运载工具的连续式加热烧结设备，按照烧结产品的工艺要求，布置所需的温区及功率、组成设备的热工部分，满足产品对热量的需求（图 4-42）。把烧结产品直接或间接放在耐高温、耐摩擦的推板上，由推进系统按照产品的工艺要求对放置在推板上产品进行移动，在炉膛中完成产品的烧结过程。推板窑被广泛用于电子陶瓷、结构陶瓷、高铝陶瓷、化工材料、电子元器件、磁性材料、电子粉体、发光粉体（发光粉、荧光粉）等产品的烧结。

图 4-42 推板窑外观示意图
图片引自中国窑炉信息网页 http://www.kiln.org.cn/

推板窑按照炉体单炉膛中并列推板的数量分为单推板、双推板；按照炉膛中推板的运动方向分为反向、同向推进；按照推板的运动循环分为全自动运动、半自动运动等；按照烧结产品的气氛分为氧化性气氛、中性气氛、还原性气氛、碱性气氛、酸性气氛等。

推板窑由推进系统、炉体、出料系统、循环系统、电气控制系统、温度测量控制系统、加热系统、气路系统等组成。推板窑可采用燃煤、天然气或电热的方式进行加热，其中，电热推板窑具有热效率高、烧成温度高、温度控制精度高、占地面积小、环境污染少和结构简单等特点，在特种陶瓷生产中广泛采用。电热推板窑的加热元件包括硅碳棒、硅钼棒、电阻丝等电热元件，应装卸方便以便于更换，电热元件的布置方式包括水平式布置和竖向式布置。推板材料的选材基本条件为耐高温、机械强度高、热稳定性高及热容小。电热推板窑长度一般为6～20m，截面面积较小；电热推板窑随着新型隔热耐火材料的应用，窑墙更加轻薄，框架式窑体结构外覆钢板，美观大方，应用广泛。

推板窑的推板由推进器施加推力，通过摩擦达到制品传送的目的，摩擦形式有两种：滑动摩擦和滚动摩擦，滑动摩擦就是靠推板与窑底（支撑板）之间的摩擦通过外力达到传送目的，此方式传动平稳，推板不易出现罗叠事故，但此种形式摩擦力较大，损耗大；滚动摩擦是在推板与支撑板之间放入瓷球，通过瓷球滚动达到减小摩擦阻力的方式，此种方式损耗较小。

4.8.5 梭式窑

梭式窑是一种间歇烧成的窑，与火柴盒的结构类似，窑车推进窑内烧成，烧完后再向相反的方向拉出来，卸下烧好的陶瓷，窑车如同梭子，故而称为梭式窑。梭式窑也称车底式倒焰窑，是一种以窑车作窑底的倒焰（或半倒焰）的间歇式生产的热工设备。因窑车从窑的一端进出，所以梭式窑也称抽屉窑，由窑体、窑车、燃烧及排烟系统组成（图4-43和图4-44）。操作灵活，装有高速烧嘴的梭式窑窑温均匀、容易控制。比一般倒焰窑烧成周期短，劳动条件好，但由于间歇烧成，热耗仍然较高。多用于小批量生产和烧成陶瓷及耐火制品。

图4-43 高温梭式窑外观示意图
图片引自巩义市光华耐火材料有限公司
网页 http://www.gyghnc.com

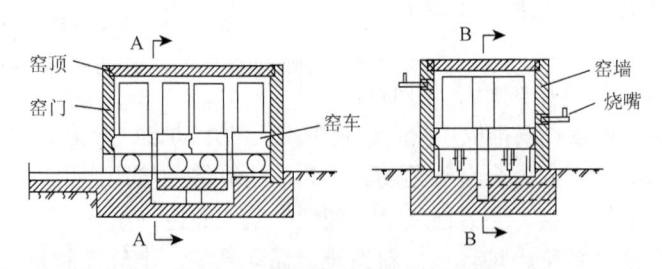

图4-44 高温梭式窑结构示意图

现代梭式窑容积7～200m³，燃料为天然气、煤气或燃料油。其工作原理为：装有砖坯的窑车一次推入窑内，窑车台面中心主烟道对准地下烟道，关紧窑门开始点火。燃烧产物入窑后，上升至窑顶，再折回向下穿过砖垛入烟道，用排烟机或直接进入烟囱排至大气。燃烧产物在流经砖垛的过程中将制品加热。窑温达到最高烧成温度,经一定时间保温后,向窑内送低温热风和空气进行冷却,冷却后移开窑门拉出全部窑车,卸下烧成制品。

梭式窑的窑体为矩形,窑墙的砌筑沿厚度方向分为三层结构,工作衬采用高强度高档耐火隔热砖,夹层是隔热耐火材料,外层采用耐火纤维毡贴在窑壁上。窑顶采用平吊顶结构,砌筑也分为三层,内层为高强度高档隔热砖,吊挂于吊顶砖下方,夹层是隔热砖,顶层采用耐火纤维毡,既为隔热层又为密封层。由于窑门经常移动,所以窑门的砌筑为两层,内层为高强度高档隔热砖,外层为隔热层,采用耐火纤维毡贴于窑门金属壳上。烧嘴安装在窑墙上,视窑的高度设置为一排或两排。以窑车台面为窑底,并和窑顶、窑墙构成窑的烧成空间,窑车衬砖中心留设主烟道,与地下烟道相接。窑的一端(或两端)设有窑门,窑门可单独设置,也可砌筑在窑车端部。窑车两侧裙板插入窑墙砂封槽内,窑车与窑车之间、窑车与端墙、窑门之间设有曲封槽,耐火纤维挤紧,起密封作用。在窑墙砂封槽下部留有许多通风孔,有利于窑车底部散热,延长窑车的使用寿命。

梭式窑的生产系统由燃料供给及燃烧设备、燃烧风机、烟气-空气换热器、调温风机和排烟风机等组成。现代梭式窑窑外排烟道上设有烟气-空气换热器。预热的热空气返回窑内参与加热制品和作为助燃空气,以降低燃料消耗,减轻排烟风机负荷。以煤气为燃料的梭式窑安装高速烧嘴。配备升温与冷却自动控制系统、稀释空气系统和窑压自动控制系统。高速烧嘴将燃烧产物以高速喷入窑内,使热气流在窑内高速循环。稀释空气入燃烧火道增加喷嘴流速,剧烈搅动气流,强化窑内热交换。在冷却阶段,通过掺入预热空气控制冷却速度。按程序分区控制进入各烧嘴的煤气、空气量及其配比和稀释空气量,按窑压要求调节排烟量。在点火-烧成-冷却-停窑全过程实现自动化。

4.8.6 玻璃池窑

玻璃池窑是最普遍的一种玻璃熔窑。由于配合料在这种窑的槽形池内被熔化成玻璃液,故称为池窑。玻璃池窑有多种分类方式:①根据熔制玻璃使用的热源可以分为火焰池窑(燃料燃烧加热)、电热池窑(电加热)及火焰电热池窑(以燃料为主,电热为辅);②根据玻璃熔制过程的连续性分为间歇式窑(玻璃熔制的各个阶段在窑内同一部位的不同时间依次进行,窑的温度制度是变动的)和连续式窑(玻璃熔制的各个阶段在窑内同一时间在窑的不同部位依次进行,窑的温度制度是稳定的);③根据烟气余热回收设备分为蓄热式池窑(按蓄热方式回收烟气余热)和换热式池窑(按照换热方式回收烟气余热);④根据窑内火焰流动的方向,主要分为横焰池窑(窑内火焰做横向流动,与玻璃流动方向垂直,大型玻璃企业常用)、马蹄焰池窑(窑内火焰做马蹄形流动,多在中小型玻璃窑使用)和纵焰池窑(窑内火焰做纵向流动,与玻璃液流动方向平行)。

目前我国的玻璃企业基本上采用火焰池窑,其构造由玻璃熔制、热源供给、余热回收和排烟供气四大部分组成。

玻璃熔制部分相当于玻璃熔制过程,作用是将玻璃配合料入窑,并经高温加热融化为玻璃态后进行澄清、均化、冷却和成型。池窑窑体沿长度方向分为投料部、熔化部、分隔设备、冷却部、成型部五部分。熔化部是配合料熔化和玻璃液澄清、均化的部分。鉴于现用火焰表面加热的熔化方法,熔化部分分为上下两部分,上部分为火焰空间,下部分为窑池。火焰空间由窑拱(大碹或拱顶)和胸墙组成,窑池由池壁和池底两部分构成,均用大砖砌筑,其形状基本上呈长方形或正方形。玻璃池窑的分隔装置是指玻璃池窑的熔化部与冷却部之间的分隔装置,包括玻璃液分隔装置和气体空间分隔装置。从玻璃池窑熔化部进入冷却部的玻璃液要进一步澄清、均化和冷却才能满足玻璃液成型的要求。玻璃池窑冷却部是熔化好的玻璃液进一步均化和冷却的部位,也是将玻璃液分配给各供应料通路的部位,其结构与熔化部结构基本上相同,也分为下部窑池和上部空间两部分。成型部兼有冷却与供料的作用,并将玻璃液控制在能便于成型制成成品的温度范围内,使玻璃液成为制品的初坯,生产不同类型玻璃,成型部不同,如生产浮法平板玻璃的成型部为锡槽。

横焰池窑和马蹄焰池窑是工业生产玻璃最普遍的两种窑型(图4-45~图4-48)。二者生产规模是不同的,马蹄焰池窑最高生产能力可达200t/d,而横焰池窑的窑池或熔化面积没有上限。横焰池窑的燃料喷嘴沿窑体两侧分布,温度分布优于马蹄焰池窑,且横焰池窑配合料是从端墙而不是从侧墙喂入,故配合料组分可以得到更均匀和精确控制,可以最大限度地利用熔化面积,因而加速了熔制和澄清。通过更精确地控制温度和配料分布,横焰池窑可以熔化出质量很高的玻璃。此外,横焰池窑的蓄热室更大,熔窑寿命也更长。马蹄焰池窑的优点在于:基建维修费低、热效率高。由于马蹄焰池窑的蓄热室系统较小,因此比横焰池窑更紧凑,建造和投资成本以及场地要求均较低;由于马蹄焰池窑外表面积比横焰池窑小、两种窑型蓄热室的结构差异以及窑体保温程度的不同,马蹄焰池窑的热损失更低。在现代微处理控制系统的帮助下,马蹄焰池窑的熔窑参数(如火焰长度、温度分布等)也可进行精确控制,但其水平仍比不上横焰池窑。此外,马蹄焰池窑熔化面积受到限制。因此,在大型玻璃企业横焰池窑被广泛应用于熔化大吨位、高质量玻璃,而在中小企业马蹄焰池窑被大量使用,可发挥其经济性和热效率高的特点。

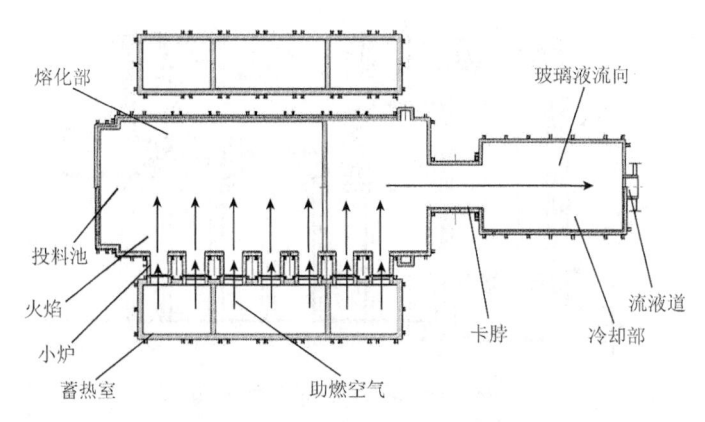

图 4-45 蓄热式横焰池窑平剖面图
图片引自中国工控网网页 http://www.chinakong.com/

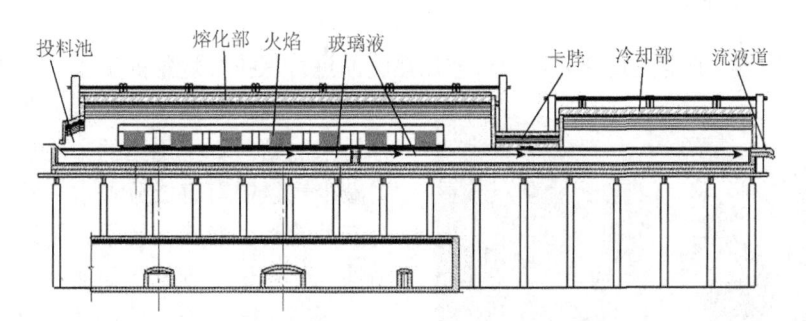

图 4-46 蓄热式横焰池窑纵立剖面图
图片引自中国工控网网页 http://www.chinakong.com/

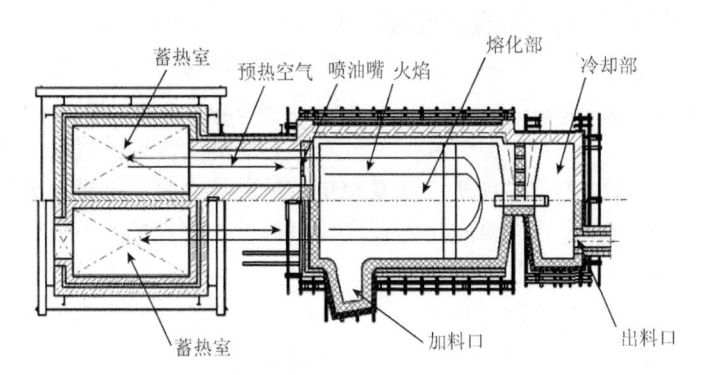

图 4-47 蓄热式马蹄焰池窑平剖面图
图片引自中国工控网网页 http://www.chinakong.com/

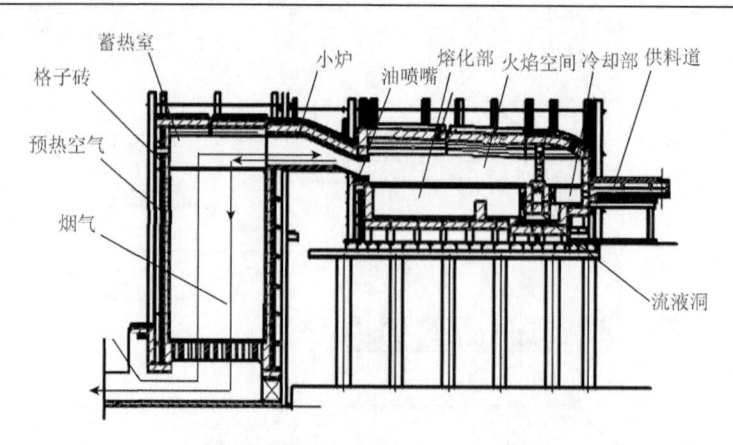

图 4-48 蓄热式马蹄焰池窑纵立剖面图
图片引自中国工控网网页 http://www.chinakong.com/

4.8.7 真空烧结炉

真空烧结炉是在真空环境中对被加热物品进行保护性烧结的炉子（图 4-49）。

真空烧结在低于大气压力条件下进行粉末烧结。真空烧结的主要优点是：①减少气氛中有害成分（水、氧、氮）对产品的不良影响；②不宜用还原性或惰性气体作保护气氛（如活性金属的烧结），容易出现脱碳、渗碳的材料均可用真空烧结；③真空可改善液相对固相的润湿性，有利于收缩和改善组织结构；④真空烧结有助于硅、铝、镁、钙等杂质或其氧化物的排除，起到净化材料的作用；⑤真空有利于排除吸附气体、孔隙中的残留气体以及反应气体产物，对促进烧结后期的收缩有明显作用，如真空烧结的硬质合金的孔隙度要明显低于在氢气中烧结的硬质合金；⑥真空烧结温度比气体保护烧结的温度要低一些，这有利于降低能耗和防止晶粒长大。

图 4-49 真空烧结炉外观图
图片引自金泉网网页 http://www.china.jqw.com/

真空烧结时常发生金属的挥发损失，如烧结硬质合金时出现钴的挥发损失。通过严格控制真空度，即使炉内压力不低于烧结金属组分的蒸气压，可大大减少或避免金属的挥发损失。真空烧结的另一个问题是含碳材料的脱碳，这主要发生在升温阶段，炉内残留气体中的氧、水分以及粉末内的氧化物等均可与碳化物中的化合碳或材料中的游离碳发生反应，生成一氧化碳随炉气抽出。含碳材料的脱碳可用增加粉末料中的含碳量以及控制真空度来解决。

为了提高真空烧结过程的加热速度和炉温的均匀性，在烧结初期可通入适量气体（惰性气体或氢气）。可采用循环气体冷却方法来提高真空烧结的冷却速度。为了防止烧结中成型剂污染真空装置系统，压块应在真空烧结前进行预烧以排除成型剂。在粉末冶金中，真空烧结主要用于烧结硬质合金、活性金属和难熔金属、磁性合金、工具钢、不锈钢，以及烧结易于与氢、氮、一氧化碳等气体发生反应的化合物。

真空烧结炉的加热方式比较多，如电阻加热、感应加热、微波加热等。其中，真空感应烧结炉是利用感应加热对被加热物品进行保护性烧结的炉子，可分为工频、中频、高频等类型。以硬质合金（金属陶瓷材料）为例，将以金属（Co、Ni）为主的黏结相和陶瓷相（TiC、TaC、WC 等）基体在高温下融为一体，实现烧结，其常用烧成设备即为真空感应烧结炉。真空感应烧结炉是在真空或保护气氛条件下，利用中频感应加热的原理，使处于线圈内的钨坩埚产生高温，通过热辐射传导，使硬质合金刀头及各种金属粉末压制体实现烧结的成套设备。真空感应烧结炉结构形式多为立式、下出料方式，主要组成为电炉本体、真空系统、水冷系统、气动系统、液压系统、进出料机构、底座、工作台、感应加热装置（钨加热体及高级保温材料）、进电装置、中频电源及电气控制系统等。

第 5 章　无机材料工业节能与环保

当前，我国的经济增长中存在高投入、高产出、高能耗、高污染的现象。随着全球能源、环境危机的到来，国民经济中的各行各业都面临着新的挑战。根据国务院节能减排发展规划，节约资源和保护环境是我国的基本国策，推进节能减排工作，加快建设资源节约型、环境友好型社会是我国经济社会发展的重大战略任务。

传统无机材料工业属于高能耗、高污染行业。因此，在进行无机材料工业生产的同时，把能源节约和环境保护置于突出位置，是实现无机材料行业可持续发展的重要课题。

5.1　无机材料工业的节能

节能是指加强用能管理，采用技术上可行、经济上合理以及环境和社会可以承受的措施，减少从能源生产到消费各个环节中的损失和浪费，更加有效、合理地利用能源。其中，技术上可行是指在现有技术基础上可以实现；经济上合理就是要有一个合适的投入产出比；环境可以接受是指节能还要减少对环境的污染，其指标要达到环保要求；社会可以接受是指不影响正常的生产与生活水平的提高；有效就是要降低能源的损失与浪费。节能是我国可持续发展的一项长远发展战略，是我国的基本国策。

狭义地讲，节能是指节约煤炭、石油、电力、天然气等能源。从节约石化能源的角度来讲，节能和降低碳排放是息息相关的。广义地讲，节能还包括除狭义节能内容之外的节能方法，如节约原材料消耗，提高产品质量和劳动生产率，减少人力消耗，提高能源利用效率等。

能源根据其取得方式可分为一次能源和二次能源。一次能源是指直接取自自然界、没有经过加工转换的各种能量和资源，包括原煤、原油、天然气、油页岩、核能、太阳能、水力、风力、波浪能、潮汐能、地热、生物质能和海洋温差能等；由一次能源经过加工转换以后得到的能源产品称为二次能源，如电力、蒸汽、煤气、汽油、柴油、重油、液化石油气、乙醇、沼气、氢气和焦炭等。一次能源可以进一步分为再生能源和非再生能源两大类。再生能源包括太阳能、水力、风力、生物质能、波浪能、潮汐能、海洋温差能等，它们在自然界可以循环再生。非再生能源包括煤、原油、天然气、油页岩、核能等，它们是不能再生的，用掉一点，便少一点。

我国的一次能源资源丰富，常规能源包括煤、油、气、水能等。我国的常规能源结构以煤炭为主。煤炭与其他能源相比，效率低，对环境污染大。因此，煤炭的清洁利用及增加清洁能源（如油、气和水能）和新能源（如太阳能、生物能等）的使用比例对于提高我国能源效率、优化能源结构具有重要意义。

能源的利用过程实质上是能量的转化和转移的过程。能量在传递和转移过程中由于热传导、对流和辐射，存在损失和损耗，因此能源有效利用的实质即是在遵循热力学原则（能量守恒和能量贬值）的基础上，提高用能设备及用能系统效率，充分提高能量转化和转移效率。

根据国家工业和信息化部制定的《工业节能"十二五"规划》，我国工业生产的节能指导思想为：坚持以科学发展观为指导，落实节约资源基本国策，把节能降耗作为转变工业发展方式、推动工业转型升级的重要抓手，以提升工业能源利用效率为主线，以科技创新为支撑，以政策法规为保障，加快淘汰落后生产能力，大力推进工艺、装备、产品的结构调整和技术进步，加快以节能降耗为核心的企业技术改造，强化重点用能企业节能管理，加强信息通信技术在节能降耗中的应用，培育和发展节能产品装备制造业和节能服务产业，加快构建资源节约型、环境友好型工业体系，提高工业绿色发展水平。节能原则为：①坚持突出重点与全面推进相结合。抓好重点行业节能的同时，逐步将节能推向工业全行业，实施重点节能工程；落实目标责任，加强重点用能企业节能管理，积极开展节能服务进万家活动，不断提高中小企业主动节能意识。②坚持过程节能与产品节能相结合。加强节能新技术、新工艺、新设备和新材料的应用力度，不断提高企业能源利用效率；加强生态设计，实施绿色制造，强化节能机电产品推广力度，逐步降低用能产品使用过程中的能源消耗。③坚持优化存量和控制增量相结合。加快淘汰落后产能进程、加强节能挖潜改造和技术改造力度，持续优化工业用能结构；强化节能评估审查制度，提高行业准入门槛，严控高耗能、高污染行业企业过快增长，努力提高新增项目的能效水平。④坚持"引进来"与"走出去"相结合。加强与有关国际组织、政府在节能领域的交流与合作，积极引进、消化、吸收国外先进节能技术；鼓励有条件的重点用能企业到国外建设工厂和工业园区，严格控制高耗能、高排放产品的出口。

以建材行业为例，要以水泥、平板玻璃和新型墙体材料为重点，大力发展预拌混凝土、预拌砂浆、混凝土制品等水泥基材料制品，中空玻璃、夹层玻璃等节能型建材产品，以及高性能防火保温材料、烧结空心制品和粉煤灰蒸压加气混凝土等轻质隔热墙体材料。淘汰直径 3.0m 及以下的水泥机械化立窑和直径 3.0m 以下球磨机（西部省份的边远地区除外）、平拉工艺平板玻璃生产线（含格法）等落后工艺设备，对综合能耗不达标的水泥熟料生产线、水泥粉磨站以及普通浮法玻璃生产线进行技术改造，对技术改造仍不能达标的，限期关停。

在节能技术方面，要大力推广玻璃窑余热综合利用、全氧燃烧、配合料高温预分解等技术，以及陶瓷干法制粉、一次烧成等工艺；重点推广水泥烧碱；推动离子膜法烧碱用膜国产化，支持采用新型膜极距离子膜电解槽进行烧碱装置节能改造；推广纯低温余热发电、立磨、辊压机、变频调速及可燃废弃物利用等技术和设备；示范推广高固气比水泥悬浮煅烧工艺以及烧结砖隧道窑余热利用、窑炉风机节能变频等技术。还应重点推进工业锅炉窑炉节能改造，采取窑体减少开孔与炉门数量、使用新型保温材料等措施提高工业窑炉的密闭性和炉体的保温性。对燃煤加热炉采用低热值煤气蓄热式技术改造，对燃油窑炉进行燃气改造。重点实施石灰窑综合节能技术改造和轻工烧成窑炉低温快烧技术改造，推广节能型玻璃熔窑。全面推广余热余压回收利用技术，推进低品质热源的回收利用，形成能源的梯级综合利用。

具体而言，在水泥行业：推广新型干法水泥熟料生产技术，开展以粉磨系统、烧成系统为重点的设备节能改造，继续推广水泥窑高效纯低温余热发电技术，以循环经济角度大量利用尾矿和工业废渣，大力发展生态水泥及水泥深加工产品。干法水泥生产是相对传统湿法水泥而言的，湿法指水泥生料配料后，加水粉磨，然后均化，再烘干煅烧，湿法生产均化效果好，但生料烘干使能耗大幅度增加，属于淘汰工艺。干法则采用更先进原材料均化系统、高效立磨系统、预分解窑和旋窑，使水泥熟料生产能耗大幅度降低。纯低温余热发电技术是一种不带补燃锅炉的蒸汽动力循环发电技术。水泥生产的余热主要来自煅烧窑，窑内温度高达1400℃。新型干法工艺中，将窑排出的高温尾气用于生料烘干和预热分解（水泥预分解窑），然后回收中低温废气以及窑头篦式冷却机（冷却水泥熟料）废气，加设纯低温余热发电系统，利用中低温的废气产生的低品位蒸汽来推动汽轮机组做功发电。一条日产5000t水泥熟料的生产线，每天可利用余热发电20万～25万kw·h，可解决60%的熟料生产用电，产品综合能耗可下降18%，年节约标准煤2.5万t，减排二氧化碳6万t。

在玻璃行业：进行原料优化，进一步提高熔窑的热效率，采用富氧燃烧技术、全氧燃烧技术、电助熔技术、池底鼓泡技术等。玻璃熔窑燃烧过程中，空气成分中占78%的氮气不参加燃烧反应，大量的氮气被无谓地加热，在高温下排入大气，造成大量的热量损失，氮气在高温下还与氧气反应生成NO_x，NO_x气体排入大气层极易形成酸雨造成环境污染。富氧燃烧技术中，富氧是浮法玻璃生产的副产物，将富氧充分利用喷入窑内改变火焰燃烧特性或作为雾化介质与燃料混合，达到节能降耗的目的。在全氧燃烧技术中，使用全氧代替阻燃空气，由于气体中不含N_2，这样废气总体积可减少约80%，可有效地降低废气带走的热量和窑体散热，且全氧燃烧燃料燃烧完全，火焰温度高，提高熔窑熔化能力。电助熔技术是指在玻璃熔窑内合理安装电极，直接在玻璃液中产生焦耳效应，以电能提供热量直接被玻璃液有效利用。电助熔技术可显著降低窑内空间温度,提高热效率,降低能耗。

陶瓷行业:当前陶瓷行业因能源、原材料和人力资源紧张而面临巨大压力,因此必须加大产品结构调整力度,采取有效措施,降低材耗和能耗,减少环境污染。大力发展超薄陶瓷(厚度不超过6mm、上表面面积不小于1.62m^2的板状陶瓷制品),推进新材料-新工艺-新装备三位一体的陶瓷新产品开发,注重产品的健康性和生态性;在陶瓷生产全过程走资源节能型道路,鼓励使用以天然气、液化石油气为主的清洁燃料,提升关键设备自动化、连续化运行能力和工艺创新;促进陶瓷加工、成型、干燥、烧成等重点工序能效水平提升;提升大型化、智能化、节能化生产装备的使用率;开发新原料、研发新工艺和新配方;开发薄砖工艺技术,开发微晶玻璃复合板、釉面砖、抛光玉石等产品的一次快烧工艺技术,开发利用工业废渣生产陶瓷技术等。陶瓷产业应不断完善生产工艺、挖掘工艺装备潜力、充分利用新工艺新设备、进行工艺改良和产品开发、全过程降低材耗、减少环境污染,以达到节能、节材、环保的目的。

5.2 大气污染与控制

凡是能使空气质量变差的物质都是大气污染物。大气污染物按其存在状态可分为两大类,一种是气溶胶状态污染物,另一种是气体状态污染物。气溶胶状态污染物主要有粉尘、烟液滴、雾、降尘、飘尘、悬浮物等。气体状态污染物主要有以二氧化硫为主的硫氧化合物,以二氧化氮为主的氮氧化合物,以一氧化碳为主的碳氧化合物,以及碳、氢结合的碳氢化合物。大气中不仅含无机污染物,而且含有机污染物。

大气污染危害极大,对人体而言,可引起急性中毒、慢性中毒和致癌。对工业生产而言,一是大气中的酸性污染物和二氧化硫、二氧化氮等,对工业材料、设备和建筑设施造成腐蚀;二是飘尘给精密仪器、设备的生产、安装调试和使用带来不利影响,从经济角度来看增加了生产的费用,提高了成本,缩短了产品的使用寿命。对农业生产而言,酸雨可以直接影响植物的正常生长,可以通过渗入土壤及进入水体,引起土壤和水体酸化、有毒成分溶出,从而对动植物和水生生物产生毒害。严重的酸雨会使森林衰亡和鱼类绝迹。对气候而言,颗粒物使大气能见度降低,减少到达地面的太阳光辐射量,产生雾霾天气;高层大气中的氮氧化物、碳氢化合物和氟氯烃类等污染物使臭氧大量分解,引发"臭氧洞"问题;排放到大气中的颗粒物大多具有水汽凝结核或冻结核的作用,这些微粒能吸附大气中的水汽使之凝成水滴或冰晶,从而改变该地区原有降水(雨、雪)的情况,这就是"拉波特效应",如果微粒中夹带着酸性污染物,即可导致酸雨。此外,大气中二氧化碳浓度升高引发温室效应,是对全球气候的最主要影响。

为了控制无机材料企业排放污染物对大气的污染，国家环境保护部和国家质量监督检验检疫总局已发布了一系列标准，以规范企业排放行为，如《水泥工业大气污染物排放标准》（GB 4915—2013）、《平板玻璃工业大气污染物排放标准》（GB 26453—2011）、《陶瓷工业污染物排放标准》（GB 25464—2010）。无机材料企业对大气排放的污染物可采取除尘技术、抑制有害气体产生和有害物质高空排放等措施进行控制。

5.2.1 颗粒污染物的治理

1. 粉尘的性质

粉尘是指悬浮在空气中的固体微粒，生产性粉尘是人类健康的天敌，是诱发多种疾病的主要原因。粉尘的理化性质决定了粉尘的危害程度。

（1）化学组成和浓度：粉尘的化学组成及其在空气中的浓度直接决定对人体的危害程度。例如，二氧化硅的游离型就比结合型的危害大；同一种粉尘在空气中的浓度越高，危害越大。

（2）粉尘的分散度：分散度是物质被粉碎的程度，较小的直径微粒百分比大则分散度高，反之则分散度低。分散度越高的粉尘沉降速度越小，稳定程度越高，被人体吸入的机会越多，对人体危害越严重。稳定程度与粉尘的密度和颗粒的形状有关。粉尘颗粒大小相同时，密度大的沉降速度小，对人体危害小。质量相同的尘粒，其形状越接近球形，在降落时所受阻力越小，沉降速度越大，危害越小。人们还发现质量相同而分散度不同的粉尘，直径越小使人发病越快，病变也越严重。

（3）粉尘的溶解度：粉尘溶解度大小不同，对人体的危害也不同。例如，毒物粉尘铅、砷等，随其溶解度增大对人体的危害也加大；有些粉尘，如面粉等在体内容易溶解、吸收和排出，对人体的危害反而小；而一些矿物粉尘，如石英等，虽然在体内溶解度较小，但对人体危害较严重。

（4）硬度：坚硬的粉尘能引起上呼吸道黏膜损伤，而进入肺泡的微细尘粒由于质量小，加之环境湿润，因而机械损伤不严重。

（5）荷电性：物质在粉碎过程中和流动中相互摩擦或吸附空气中的离子而带电。粉尘的荷电量取决于粉尘的大小和密度，也与空气的温度和湿度有关。荷电性对粉尘在空气中的稳定程度也有影响。同性电荷相斥，增加了粉尘在空气中的稳定性；异性电荷相吸，使尘粒在撞击时凝集而沉降，稳定性降低。另外，荷电尘粒更易滞留在体内。

粉尘的重要性质还包括密度、粒径分布、比表面积、流动性、浸润性、pH、电导率等。

2. 除尘方法

治理烟尘的方法和设备很多，各具不同的性能和特点。无机材料生产中必须依据废气排放特点、烟尘本身的特性、要达到的除尘要求等进行选择。

从废气中将颗粒物在某种作用力作用下分离出来并加以捕集、回收的过程称为除尘。实现上述过程的设备装置称为除尘器。外力的作用一般包括重力、惯性力、离心力、静电力、磁力、热力等。

常用的颗粒物治理方法有以下几种。

1）重力除尘法

重力除尘的基本原理为：利用粉尘与气体的密度不同，粉尘靠自身的重力从气流中自然沉降下来，达到分离或捕集含尘气流中粒子的目的。越细小的粉尘，其沉降速度越小，分离越困难；含尘气流的温度升高，其密度减小而黏度增加，沉降速度减小，分离也不容易。

为使粉尘从气流中自然沉降，采用的一般方法是在输送气体的管道中置入一扩大部分，在此扩大部分气体流动速度降低，一定粒径的粒子即可从气流中沉降下来。重力除尘的常用设备为水平气流沉降室（分为单层重力沉降室和多层重力沉降室两种类型）。重力沉降室结构简单、阻力小、投资小，可处理高温气体，但除尘效率低，占地面积大，只对 $50\mu m$ 以上的尘粒具有较好的捕集作用，因此只能作为初级除尘手段。

2）惯性除尘法

惯性除尘的基本原理为：利用粉尘与气体在运动中的惯性力不同，使粉尘从气流中分离出来。在实际应用中实现惯性分离的一般方法是使含尘气流冲击在挡板上，使气流方向发生急剧改变，气流中的尘粒惯性较大，不能随气流急剧转弯，从气流中分离出来。在惯性除尘方法中，除利用了粒子在运动中的惯性较大外，还利用了粒子的重力和离心力。增加粒子直径（质量）和切线速度（初速），减小气流的旋转半径，分离作用增强。

惯性除尘器结构形式多样，主要有反转式和碰撞式。惯性除尘器适用于非黏性、非纤维性粉尘的去除。设备结构简单，阻力较小，但分离效率较低，只能捕集 $10\sim 20\mu m$ 以上的粗尘粒，故只能用于多级除尘中的第一级除尘。

3）离心力除尘法

离心力除尘的基本原理为：利用含尘气体的流动速度，使气流在除尘装置内沿某一定方向做连续的旋转运动，粒子在随气流的旋转中获得比重力大得多的离心力，导致粒子从气流中分离出来。在离心力作用下，粒子将产生垂直于切向的径向运动，最终到达壁面而从气流中分离出来。

利用离心力进行除尘的设备有两大类：旋风式除尘器和旋流式除尘器，其中最常用的设备为旋风式除尘器。两者的区别在于旋流式除尘器除废气由进气管进入除尘器形成旋转气流外，还通过喷嘴或导流装置引入二次空气，加强气流的旋转。

离心式除尘器除尘效率较高，对大于 5μm 以上的颗粒具有较好的去除效率，属中效除尘器。它适用于非黏性及非纤维性粉尘的去除，且可用于高温烟气的除尘净化，因此广泛用于锅炉烟气除尘、多级除尘及预除尘。

4）湿式除尘法

湿式除尘也称洗涤除尘，它是使含尘气体与液体（一般为水）密切接触，利用形成的液膜、液滴或气泡和颗粒的相互作用，捕集颗粒或使颗粒增大或留于固定容器内，以达到液体水和粉尘分离的效果。液膜、液滴或气泡主要是通过惯性碰撞，细小尘粒的扩散作用，液滴、液膜使尘粒增湿后的凝聚作用及对尘粒的黏附作用，达到捕获气体中尘粒的目的。

湿式除尘器结构类型种类繁多，不同设备的除尘机制不同，能耗不同，适用的场合也不相同。按其除尘机制的不同，湿式除尘器有七种不同的结构类别：①喷雾式洗涤除尘器；②旋风式洗涤除尘器；③储水式冲击水浴除尘器；④塔板式鼓泡洗涤除尘器；⑤填料式洗涤除尘器；⑥文丘里洗涤除尘器；⑦机械动力洗涤除尘器。例如，重力喷雾洗涤除尘器，通过塔内尘粒与喷淋液体所形成的液滴之间的碰撞、拦截和凝聚作用，使尘粒在重力作用下沉降下来。

湿式除尘器除尘效率高，特别是高能量的湿式洗涤除尘器，在清除 0.1μm 以下的粒子时能保持很高的除尘效率。湿式洗涤除尘器对净化高温、高湿、易燃、易爆的气体具有很高的效率和很好的安全性。湿式除尘器在去除废气中粉尘粒子的同时，还能通过液体的吸收作用同时将废气中有毒有害的气态污染物去除，这是其他除尘器无法做到的。

湿式除尘器在应用中也存在一些明显的缺点。首先是湿式除尘器用水量大，且废气中的污染物在被从气相中清除后，全部转移到水相中，因此对洗涤后的液体必须进行处理，对沉渣要进行适当的处理，澄清水则应尽量可用，否则不仅会造成二次污染，也会造成水资源的浪费。另外，在对含有腐蚀性气态污染物的废气进行除尘时，洗涤后液体具有一定程度的腐蚀性，对除尘设备及管路提出了更高的要求。

5）过滤式除尘法

过滤式除尘的基本原理是使含尘气流通过多孔滤料，把气体中的尘粒截留下来，使气体得到净化，滤料对含尘气体的过滤方式有内部过滤与外部过滤之分。内部过滤是把松散多孔的滤料填充在设备的框架内作为过滤层，尘粒在滤层内部被捕集；外部过滤则是用纤维织物、滤纸等作为滤料，废气穿过织物等时，尘粒在滤料的表面被捕集。

过滤式除尘器的滤料是通过滤料空隙对粒子的筛分作用,粒子随气流运动中的惯性碰撞作用、细小粒子的扩散作用以及静电引力和重力沉降等机制的综合作用结果,达到除尘的目的。

目前我国采用最广泛的过滤除尘装置是袋式除尘器,其基本结构是在除尘器的集尘室内悬挂若干个圆形或椭圆形的滤袋,当含尘气流穿过这些滤袋的袋壁时,尘粒被袋壁截留,在袋的内壁或外壁聚集而被捕集。

6) 静电除尘

静电除尘(电除尘)的基本原理是利用高压电场产生的静电力作用实现固体粒子或液体粒子与气流分离。这种电场应是高压直流不均匀电场,构成电场的放电极是表面曲率很大的线状电极,集尘极则是面积较大的板状电极或管状电极。

在放电极与集尘极之间施以很高的直流电压时,两级间所形成的不均匀电场使放电极附近电场强度很大,当电压加到一定值时,放电极产生电晕放电,生成的大量电子及阴离子在电场力作用下向集尘极迁移。在迁移过程中,中性气体分子很容易捕获这些电子或阴离子形成负离子。当这些带负电荷的粒子与气流中的尘粒相撞并附着其上时,尘粒带上负电荷。荷电粉尘在电场中受库仑力的作用被驱往集尘极,在集尘极表面尘粒放出电荷后沉积其上,当粉尘沉积到一定厚度时,用机械方法将其清除。

电除尘中常用设备为电除尘器。工业上广泛应用的电除尘器是管式电除尘器和板式电除尘器。前者的集尘极是圆筒状的,后者的集尘极是平板状的。电晕电极均使用的是线状电极,电晕电极上一般加的均是负电压,即产生的是负电晕,只有在用于空气调节的小型电除尘器上时采用正电晕放电,即在电晕电极上加上正电压。

电除尘器是一种高效除尘器,除尘效率可达90%以上。电除尘器去细微粉尘捕集性能优异,捕集最小粒径可达0.05μm,并可按要求获得从低效到高效的任意除尘效率。电除尘器阻力小,能耗低,可允许的操作温度高,在较大温度范围内均可操作。但电除尘器设备庞大,占地面积大,设备投资高,因此只有在处理大流量烟气时,才能在经济上、技术上显示其优越性。

5.2.2 气态污染物的治理

气态污染物是在常态、常压下以分子状态存在的污染物。常见的气体污染物有 CO、SO_2、NO_2、NH_3、H_2S 等。气态污染物的治理就是利用物理、化学及生物等方法,将污染物从废气中分离或转化。分离是指利用污染物与废气中其他组分的物理性质差异使污染物从废气总分离出来;转化是指使废气总污染物发生某些化学反应，把污染物转化成无害物质或易于分离的物质。

气态污染物种类繁多，特性各异，因此相应采用的治理方法也各不相同，常用的方法有吸收法、吸附法、催化法、燃烧法、冷凝法等。

1. 吸收法

吸收是利用气体混合物中不同组分在某种液体（吸收剂）中的溶解度不同或与吸收剂发生选择性化学反应，从而将有害组分从气流中分离出来的过程，又称湿式精华。吸收分为物理吸收和化学吸收，前者是简单的物理过程，后者在吸收过程中气体组分与吸收剂发生化学反应。由于工业废气往往气量大、气态污染物含量低、净化要求高，物理吸收难以满足要求，故化学吸收常成为首选方案。吸收法广泛地用于气态污染物的处理，如 SO_2、H_2S、HF、NO_x 等。

吸收装置主要是塔式容器，应满足下列要求：①气液接触面大，接触时间长；②气液之间扰动强烈，吸收效率高；③流动阻力小，工作稳定；④结构简单，维修方便；⑤具有抗腐蚀和防堵塞能力。常用的吸收装置有填料塔、湍流塔、板式塔、喷淋塔和文丘里吸收器等。

2. 吸附法

吸附法是使气体混合物与适当的多孔性固体接触，利用固体表面存在的未平衡的分子引力或化学键力，把混合物中某一或某些组分吸留在固体表面上，达到分离的目的。吸附法可用于分离水分、有机蒸气（如甲苯、氯乙烯、含汞蒸气等）、恶臭、HF、SO_2、NO_x 等，尤其能有效捕集浓度极低的气态污染物。

吸附也分物理吸附和化学吸附两种，前者是由吸附剂分子与气体分子间的静电力或范德华力引起，两者之间不发生化学作用，是一种可逆过程；后者则是由固体表面与被吸附分子间的化学键力所致，两者之间结合牢固，化学吸附需一定的激活能。两种吸附往往同时发生，但以某一种为主。例如，在低温下主要是物理吸附，而在较高温度下又可能转化为化学吸附为主。

工业吸附剂一般具有巨大的内表面积、较大的吸附容量、很强的吸附选择性，吸附快且再生特性好，具有足够的机械强度和广泛的适应性，稳定性好，价格低廉。常见的工业吸附剂有活性炭、硅胶、活性氧化铝、分子筛、沸石等。

活性炭是由含碳为主的物质作原料，经高温炭化和活化制得的疏水性吸附剂。活性炭含有大量微孔，具有巨大的比表面积，能有效地去除色度、臭味，去除烟气中的 SO_2、NO_x 或其他有害物质。硅胶即硅酸凝胶（$mSiO_2 \cdot nH_2O$），是一种高活性吸附材料，属非晶态物质。除强碱、氢氟酸外，硅胶不与任何物质发生反应，不溶于水和任何溶剂，无毒无味，化学性质稳定。硅胶具有很强的亲水性，其吸附水分量可达自身质量的 50%，因此常用于含湿量较高气体的干燥脱水、烃类气体回收、吸附干燥后的有害废气等。活性氧化铝是含水氧化铝在严格控制下加热脱水制成的多孔活性吸附剂，活性氧化铝对气体、水蒸气和某些液体的水分有选择吸附作用，吸附饱和后可在175～315℃加热除去水而再生，可用于气体和液体的干燥和吸附。分子筛是一种人工合成沸石，为结晶态的硅酸盐或硅铝酸盐，具有均匀的微孔，其孔径与一般分子大小相当，属于离子型吸附剂，具有很强的吸附选择性，可通过吸附的优先顺序和尺寸大小来区分不同物质的分子，所以被形象地称为分子筛。

对于上述常用工业吸附剂，通常对于气态污染物分子较小可选用分子筛，分子较大选用活性炭或硅胶；对于无机污染物可选用活性氧化铝或硅胶，对有机蒸气或非极性分子选用活性炭。

3. 催化法

催化法是在催化剂作用下，将废气中气态污染物转化为无害物质排放，或者转化成其他更易除去的物质的净化方法。催化法有催化氧化法和催化还原法两种。催化氧化法如废气中的 SO_2 在催化剂（V_2O_5）作用下可氧化为 SO_3，用水吸收变成硫酸而回收，再如各种含烃类、恶臭物的有机化合物的废气均可通过催化燃烧的氧化过程分解为 H_2O 与 CO_2 后向外排放。催化还原法如废气中的 NO_x 在催化剂（铜铬）作用下与 NH_3 反应生成无害气体 N_2。

能够进行化学反应的分子应是具有足够能量的活化分子。处于活化状态的分子所具有的能够进行反应的最低能量与普通分子平均能量之差称为活化能。催化反应中催化剂的催化作用是，能大幅度降低分子活化能，使更多的反应分子成为活化分子，从而增大反应速率常数，加快化学反应速率。此外，催化作用还具有下述特点：①催化剂在反应终了时没有发生化学结构或数量的任何变化；②改变原有的反应途径，沿着特定的反应方向进行；③特定的催化剂只能催化特定的反应，即催化剂的催化作用具有选择性。

通常催化反应分为均相催化和多相催化。均相催化反应是指催化剂和反应物质都处于同一种物相中的催化过程，如液相催化反应体系；而多相催化反应中，催化剂和反应物质不处于同一物相中，如气固相催化体系，多属于非均相催化反应。在非均相催化反应中，催化作用是由于反应物分子被催化剂表面的活性中心吸附，吸引能力特别高的活性中心使反应物分子的某些键松弛，且产生新键，从而形成多位活化络合物，起到催化作用。因此，催化剂的活性与单位催化剂面积上活性中心的数目以及有效的总面积有关。

气体污染物与固体催化剂的非均相催化反应通过下列连续步骤完成：①反应物从气体主流向固体催化剂外表面扩散；②反应物向催化剂微孔内表面扩散，到达可进行吸附反应的活性中心；③反应物在催化剂内表面被吸附；④反应物在表面进行化学反应；⑤生成物从表面脱附；⑥生成物从催化剂内表面扩散到外表面；⑦生成物从催化剂外表面向气体主流扩散。其中，①、⑦称为外扩散，②、⑥称为内扩散，两种扩散都是物理过程；③、④、⑤称为表面催化过程，又称化学动力学过程，是化学过程。通常，表面化学反应阻力最大，过程进行最慢，即化学动力学过程对催化过程起控制作用。若改变反应条件，如提高反应温度，化学动力学过程控制作用减弱，扩散控制作用增强。

催化剂（或称触媒）是指能够改变化学反应速率和方向而本身又不参与反应的物质。在废气净化中，一般使用固体催化剂，它主要由活性组分、助催化剂及载体组成。活性组分是催化剂的主体，是起催化作用的最主要组分，要求活性高且化学惰性大。金属常用作气体净化催化剂，如铂（P）、钯（Pd）、钒（V）、铬（Cr）、锰（Mn）、铁（Fe）、钴（Co）、镍（Ni）、铜（Cu）、锌（Zn）等，以及它们的氧化物等。助催化剂虽然本身无催化作用，但它与活性组分共存时可以提高活性组分的活性、选择性、稳定性和寿命。载体是活性组分的惰性支承物，具有较大的比表面积，有利于活性组分的催化反应，增强催化剂的机械强度和热稳定性等。常用的载体有氧化铝、硅藻土、铁矾土、氧化硅、分子筛、活性炭和金属丝等，其形状有粒状、片状、柱状、蜂窝状等。微孔结构的蜂窝状载体比表面积大，活性高，流动阻力小。通常活性物质被喷涂或浸渍于载体表面。例如，SO_2催化氧化为SO_3时，催化剂的活性组分是V_2O_5，载体用SiO_2，并加入助催化剂K_2SO_4或Na_2O以提高催化剂的活性。

常用的气固催化装置有固定床和流化床两类催化反应器。固定床是净化气态污染物的主要催化反应器。反应器圆筒下部装有孔板，孔板和催化剂层上部各铺厚20～300mm的石英砂，上层石英砂可以避免气流直接冲击催化剂，下层石英砂防止细小催化剂被气流携带。预热后的气体从反应器顶部进入，经均气板均匀通过床层进行反应后由底部引出。由于反应器内没有热交换装置，除了筒壁的散热，筒体与外界无热交换，故称为绝热反应器。它适用于反应过程热效应小、允许温度波动大的反应体系。一般废气中气态污染物的浓度低，故反应放热量小，因此可适用。

如果反应体系的反应热量大，可将几个单层床串联使用，但需在两个单层床之间设置换热器，或在多层单床反应器的各反应层之间加装换热器。换热器可将反应温度控制在合适的范围内。反应气体需要外部热源进行预热后进入反应器，才能维持稳定的床层温度。如果正常运行时，反应热能全部替代外部热源预热气体，这种反应器称为自热式反应器。

固定床结构简单，造价低廉，体积小，空间利用率高，催化剂耗量少。床中静止的催化剂不易磨损、寿命长，并可严格控制气体的停留时间。但固定床传热性能差，床内温度分布不均，催化剂更换不便。固定床的另一种形式是径向反应器。将催化剂装载于空心圆柱状空间，反应气体沿径向流动通过催化剂床层，这样可以增大气体流通截面积，减小床层阻力。

催化燃烧是在催化剂作用下，利用空气使废气中气态污染物在较低的温度（250～450℃）下氧化分解的方法。直接燃烧法是指将各种有机物在高温（600～800℃）下完全氧化为 CO_2、H_2O 和其他氧化物，这对于流量大、有机组分含量低的废气，不仅需要增添燃料，而且要在高温下处理，故不常用。吸附法虽然装置简单、操作容易，但吸附容量有限、吸附剂耗量高、吸附和脱附的切换使设备庞大。催化燃烧法与直接燃烧法、吸附法相比较有许多优点：①起燃温度低，含有机物质的废气在通过催化剂床层时，能在较低温度下迅速完全氧化分解成 CO_2 和 H_2O，能耗小，甚至在有些情况下还能回收净化后废气带走的热量。②适用范围广，催化燃烧可以适用于浓度范围广、成分复杂的几乎所有含烃类有机废气及恶臭气体的治理，如有机硫化物、氮化物、烃类、有机溶剂、酮类、醇类、醛类和脂肪酸类等，它们大多来源于石化厂、制药厂、肉类和食品加工厂、制革厂及污水处理厂等。③基本上不产生二次污染，因为有机物氧化后分解成 CO_2 和 H_2O，且净化率一般都在 95%以上，此外，低温燃烧能大量减少 NO_x 的生成。

5.2.3 无机材料行业大气污染治理

水泥、玻璃、陶瓷等传统无机材料作为生产量和消耗量最大的无机材料，是国民经济建设、生产发展的重要基础原材料。然而，水泥、玻璃、陶瓷等材料的生产产生的污染物排放量也在逐年增加。

现以水泥行业为例进行重点分析。我国是世界上最大的水泥生产国。数据显示，2014 年世界水泥总产量约 41.8 亿 t，我国水泥产量达 24.7 亿 t，约占世界总量的 60%，已连续 30 年位居世界第一位，且水泥年产量增速明显。水泥工业目前已成为工业部门中的第二大排放源。据统计，我国水泥工业排放的水泥粉（烟）尘占全国工业粉尘排放总量的 39%，高居工业排尘之首，NO_x 排放占全国排放量的 8%～12%，SO_2 排放占全国排放量的 3%～4%，属污染控制的重点行业。

水泥行业最突出的环境问题是粉尘问题。水泥工业颗粒物排放主要是由水泥生产过程中原料、燃料和水泥成品储运，物料的破碎、烘干、粉磨、煅烧等工序产生的废气排放或外逸引起的。煅烧工序所在的水泥窑则是颗粒物排放控制的关键，过去除尘大多采用电除尘器，其粉尘排放浓度较高。随着国家对大气污染治理的加强，政策要求现有的水泥窑电除尘装置需实施电改袋除尘改造工程，以实现水泥颗粒物排放量降低的目标。

据统计，水泥工业是继电力、机动车之后的第三大 NO_x 排放源，随着水泥行业落后产能淘汰工作的推进，新型干法窑的使用比例大幅度增加并逐步替代立窑。

与立窑相比，新型干法窑由于燃烧温度高等原因，NO_x 排放强度大大增加（约为立窑的 7 倍），加之水泥产量持续增长，使得水泥行业 NO_x 排放量显著增多。目前应用于水泥行业的脱硝技术主要有炉内技术和炉外技术两种。炉内技术指通过优化窑和分解炉的燃烧状态，从源头控制 NO_x 生成。其主要应用技术措施是采用低氮燃烧器、分解炉和管道内的分段燃烧等。该类技术工程改造量不大，投入较低，见效快，但脱硝效率较低。炉外技术是在还原剂（如氨水、尿素等）的作用下将烟气中的 NO_x 还原为氮气和水，按是否需要催化剂分为选择性催化还原（SCR）和选择性非催化还原（SNCR）脱硝技术，前者目前仍处于工业化试验阶段，后者则是目前脱硝的主流技术。由于低氮燃烧技术（包括低氮燃烧器和分级燃烧技术）及 SNCR 技术本身脱硝效率并不高，在更严格的排放限值要求下，要实现 NO_x 达标排放，需要采用"低氮燃烧器或分级燃烧+SNCR"的组合方式。

另外，我国水泥行业 CO_2 排放仅次于电力行业，约占全国排放量的 15%。而 CO_2 是重要的温室气体，会造成温室效应，使全球气温上升，威胁人类生存。因此，控制温室气体 CO_2 排放已成为全人类面临的一个主要问题。水泥行业 CO_2 排放主要包括能源消费排放和工业过程排放，前者包括化石燃料燃烧引起的直接排放和电力消费引起的间接排放，后者是指水泥熟料生产过程中碳酸盐分解产生的排放。一般来说，工业过程 CO_2 排放占水泥行业总排放的 50%~60%，燃料排放约占 45%，电力排放占 5%~10%。按我国平均水平估算，生产 1t 水泥排放 CO_2 1~1.2t。对于水泥生产而言，主要减排措施有：①采用先进工艺、淘汰落后产能，抑制产能过剩，如采用新型干法窑替代传统立窑，严控新建扩大水泥生产线，对综合能耗不达标的水泥熟料生产线、水泥粉磨站进行技术改造，技术改造仍不能达标的应该限期关停；②余热利用，一是利用废气的余热烘干原燃料以节省烘干用煤，二是低温余热发电，将窑头冷却熟料的废气用于余热发电；③采用替代燃料，如使用城市生活垃圾等可燃性废弃物替代煤煅烧水泥熟料；④改变原料或熟料化学成分，一是采用不产生 CO_2 且含 CaO 的物质，如电石渣[主要成分为 $Ca(OH)_2$]、高炉矿渣、粉煤灰、炉渣等，以上述废渣作原料降低烧成温度、降低煤耗、减少石灰石用量，减排 CO_2，二是降低水泥熟料中 CaO 含量，如低钙高贝利特水泥可把熟料中 CaO 质量分数降到 45%，比普通硅酸盐水泥减排 10%左右 CO_2；⑤提高熟料强度和减少水泥中熟料含量，一是大力发展新型绿色高性能混凝土替代常规混凝土，二是在保证水泥性能的前提下，通过添加混合物料减少水泥熟料用量；⑥引进、开发先进烧成技术，开发更新窑型，降低熟料热耗（如日本的沸腾层煅烧流化态窑等），采用辅助措施（如改进预热器系统、提高换热效率、降低阻力损失等）。

与水泥行业类似，陶瓷玻璃行业的大气污染治理问题同样严峻。玻璃、陶瓷制造过程中产生的大气污染物有粉尘、SO_x、NO_x、CO_2等。生产性粉尘主要源于原料的储藏、粉碎、筛分、输运、制浆、混料以及成型、陶瓷施釉、烧成、加工等工序。为了消除粉尘污染，常用的除尘设备有电除尘器、布袋除尘器、文丘里除尘器、旋风除尘器等。

推行清洁生产是陶瓷玻璃行业减少大气污染物产生的有效途径，如选择清洁能源（如使用天然气、轻油、生物质等清洁燃料替代高硫、高灰燃料），选用新型节能低污染燃烧技术（如高温空气燃烧技术、脉冲控制高速燃烧系统、受控脉动燃烧技术等），采用先进的生产工艺、新型原材料等措施。

另外，陶瓷玻璃行业同样需要加强烟气治理，一是烟气燃烧过程中脱硫、脱硝；二是采用尾气脱硫除尘技术；三是增加烟囱高度，严格按照国家和行业相关规范控制大气污染物排放水平，并采用先进工艺和严格措施减小碳排放。

5.3 水污染控制

5.3.1 工业废水介绍

水是生命的源泉，是生命存在与经济发展的必要条件。因某种物质介入水体，而导致其化学、物理、生物或者放射性等方面特征的改变，从而影响水的有效利用、危害人体健康或者破坏生态环境、造成水质恶化的现象，称为水污染。最常见的水污染是有机污染、重金属污染、富营养污染以及这些污染共存的复合性污染。被污染的废水从不同角度有不同的分类方法。据不同来源分为生活废水和工业废水两大类；据污染物的化学类别又可分无机废水与有机废水；按工业部门或产生废水的生产工艺分为焦化废水、冶金废水、制药废水、食品废水等。

水污染影响工业生产、增大设备腐蚀、影响产品质量，甚至使生产不能进行；水污染影响人民生活，破坏生态环境，损害人的健康。

无机材料生产企业产生的工业废水一般包括循环水排污水、设备冷却废水、化验室废水、某些设备冲洗废水、工业垃圾渗滤液废水等。按照废水的流量特点，废水分为经常性废水和非经常性废水。经常性废水即连续排放的废水，非经常性废水是指在设备检修、维护、保养期间产生的废水。

废水的监测指标有pH、色度、悬浮物、化学需氧量（COD）、生化需氧量（BOD）、氨氮、石油类、重金属等。生产企业排放标准需满足相关国家标准或行业及地方标准，如《污水综合排放标准》（GB 8978—1996）等。

无机材料工业生产因生产的产品类型、原料和生产方法的多样化，排水污染性质也非常复杂。以陶瓷行业为例，工业废水主要产生于生产过程中的球磨（洗球）、压滤机滤布清洗、施釉（清洗）、喷雾干燥、磨边抛光等工序，另外在原料运输洒落及厂内地面粉尘被雨水冲刷时也带来一定的高浊度、高悬浮物废水，此类废水有机物浓度虽然较低，但排水中悬浮物质量浓度极高，属高浊度生产废水。废水中部分悬浮颗粒粒径很小，沉降分离困难，沉积物含水率低，流动性差，处理困难。另外，玻璃生产企业是耗水大户，生产用水主要产生于熔窑冷却系统、余热锅炉、燃煤锅炉、原料车间等处；玻璃在深加工生产过程中也会产生大量废水，主要包括在磨边、钻孔、清洗等预处理工艺段产生的废水以及少量的冷却循环水；水泥工业生产用水量也非常大，主要用于旋转窑冷却、地面冲洗、设备清洗等。

工业废水具有排放量大、污染范围广、排放方式复杂、种类繁多、浓度波动幅度大、污染物毒性大等特点。大量工业废水排出后对水源将造成严重污染，危害人体健康，破坏自然环境，因此必须对工业生产排出的废水进行相应的处理。

5.3.2 工业废水的处理

废水处理的目的就是对废水中的污染物以某种方法分离出来，或者将其分解转化为无害稳定物质，从而使污水得到净化。一般要达到防止毒物和病菌的传染，避免有异臭和恶感的可见物，以满足不同用途的要求。

工业废水常用处理方法可按其作用分为四大类，即物理处理法、化学处理法、物理化学法和生物处理法。①物理处理法，即通过物理作用，以分离、回收废水中不溶解的呈悬浮状态污染物质（包括油膜和油珠），常用的有重力分离法、离心分离法、过滤法等；②化学处理法，即向污水中投加某种化学物质，利用化学反应来分离、回收污水中的污染物质，常用的有化学沉淀法、混凝法、中和法、氧化还原（包括电解）法等；③物理化学法，利用物理化学作用去除废水中的污染物质，主要有吸附法、离子交换法、膜分离法、萃取法等；④生物处理法，通过微生物的代谢作用，使废水中呈溶液、胶体以及微细悬浮状态的有机性污染物质转化为稳定、无害的物质，可分为好氧生物处理法和厌氧生物处理法。实际应用中通常通过以上几种方法配合使用以去除废水中的有害物质，按照水质状况及处理后出水的去向确定其处理程度，废水处理一般可分为一级、二级和三级处理。

一级处理采用物理处理方法，即用格栅、筛网、沉沙池、沉淀池、隔油池等构筑物，去除废水中的固体悬浮物、浮油，初步调整 pH，减轻废水的腐化程度。废水经一级处理后，一般达不到排放标准（BOD 去除率仅 25%～40%），故通常作为预处理阶段，以减轻后续处理工序的负荷和提高处理效果。

格栅是由一组平行的金属栅条制成的框架，用于截留水中粗大的悬浮物和漂浮物。筛网是通过金属或合成纤维等制成的具有一定尺寸网孔的网状制品，用于去除格栅难以去除的细小纤维。沉沙池、沉淀池、隔油池等构筑物利用沉淀与上浮作用对水中的悬浮物颗粒进行分离处理。当悬浮物的密度大于水时，在重力的作用下，悬浮物下沉形成沉淀物；当悬浮物的密度小于水时，则上浮至水面形成浮油（渣）。通过收集沉淀物和浮渣即可使水得到净化。沉淀法可去除水中的砂粒、化学沉淀物、絮凝体和生物处理的污泥；上浮法可用于分离水中轻质悬浮物，如油、苯等。也可人为以鼓气、加压、电解等方式产生一些微细气泡，使其与细的悬浮物相互黏附，形成整体密度小于水的浮体，从而依靠浮力上升至水面，以完成固液分离的处理方法，即气浮法。沉沙池是用以沉淀水中大于规定粒径泥沙的水池，污水在池中缓慢流动，应用重力沉淀作用可最大限度去除污水中的悬浮物。污水经沉淀池沉淀后产生污泥和沉渣，污泥和沉渣也需进行妥善处理或处置。隔油池利用废水中悬浮物和水的密度不同以上浮法分离污水中的低密度固体或油类污染物。对于含油类污染物一般可先采用隔油池去除浮油，再用气浮法去除乳化油，然后进一步净化。

二级处理是采用生物处理方法及某些化学方法来去除废水中的可降解有机物和部分胶体污染物。经过二级处理后，废水中 BOD 的去除率可达 80%～90%，即 BOD 含量可低于 30mg/L。经过二级处理后的水一般可达到农业灌溉标准和废水排放标准，故二级处理是废水处理的主体。但经过二级处理的水中还存留一定量的悬浮物、生物不能分解的溶解性有机物、溶解性无机物和氮磷等藻类增殖营养物，并含有病毒和细菌，因而不能满足要求较高的排放标准，如处理后排入流量较小、稀释能力较差的河流就可能引起污染，也不能直接用作自来水、工业用水和地下水的补给水源。

化学处理法是利用化学反应的原理来分离回收污水中的污染物或改变其性质，使其无害化的方法。化学法处理的对象主要是污水中可溶解的无机物和难以降解的有机物或胶体物质。常见的化学法包括混凝法、化学沉淀法、氧化还原法、中和法等。

废水中的微小悬浮物和胶体粒子很难通过沉淀法去除。混凝法是向废水中投加一定量的药剂（混凝剂），经过脱稳、化学架桥等反应过程，使废水呈胶体状态的细小污染颗粒的稳定性被破坏，继而相互接触而聚集、形成絮凝体，再经过沉淀或气浮，使污染物从废水中分离出来。通过混凝法能够降低废水的浊度、色度，去除高分子物质、呈胶体的有机污染物、某些重金属毒物（汞、镉）和放射性物质等，也可去除磷等可溶性有机物，应用十分广泛。它可以作为独立处理法，也可以和其他处理法配合，作为预处理、中间处理，甚至可以作为深度处理工艺。

化学沉淀法是指向废水中投加某种化学物质，使化学物质和废水中的某些溶解物质发生反应，生成难溶物沉淀下来，一般用以处理含重金属离子的工业废水。根据所投加的沉淀剂，化学沉淀法又可分为氢氧化物沉淀法、硫化物沉淀法、钡盐沉淀法等。

氧化还原法是指利用溶解于废水中的有毒、有害物质在氧化还原反应中能被氧化或还原的性质，把它转化为无毒无害的新物质或转化成气体或固体而从废水中分离出来。在废水处理中使用的氧化剂有空气中的氧、纯氧、臭氧、氯气、次氯酸钠、三氯化铁、高锰酸钾等，使用的还原剂有铁、锌、锡、锰、亚硫酸氢钠、焦亚硫酸盐等。

中和法是指对污水进行酸碱的中和反应，调节污水的酸碱度（pH）使其呈中性或接近中性或适宜于后续处理的 pH 范围。例如，生物处理需将污水的 pH 维持在 6.5~8.5，以确保最佳的生物活力。

生物处理法是主要借助微生物的分解作用把污水中有机物转化为简单的无机物，使污水得到净化。按对氧气需求情况可分为厌氧生物处理和好氧生物处理两大类。厌氧生物处理是利用厌氧微生物把有机物转化为有机酸，甲烷菌再把有机酸分解为甲烷、二氧化碳和氢等，如厌氧塘、化粪池、污泥的厌气消化和厌氧生物反应器等。好氧生物处理是采用机械曝气或自然曝气（如藻类光合作用产氧等）为污水中好氧微生物提供活动能源，促进好氧微生物的分解活动，使污水得到净化，如活性污泥、生物滤池、生物转盘、污水灌溉、氧化塘的功能。污水生物处理效果好，费用低，技术较简单，应用比较简单。当简单的沉淀和化学处理不能保证达到足够的净化程度时，就要用生物的方法作进一步处理。生物处理法是一种降低污水中的有机物和营养物质，尤其是氮、磷物质的处理方法。

三级处理是进一步去除二级处理未能去除的污染物，如磷、氮及生物难以降解的有机污染物、无机污染物、病原体等。废水的三级处理是在二级处理的基础上，进一步采用化学法（化学氧化、化学沉淀等）、物理化学法（吸附、离子交换、膜分离技术等）以除去某些特定污染物的一种"深度处理"方法。显然，废水的三级处理耗资巨大，但能充分利用水资源。

物理化学法是运用物理和化学的综合作用使废水得到净化的方法。在物理化学处理过程中可能伴随着化学反应，但不一定总是伴随化学反应。常见的物理化学处理过程有吸附、离子交换、萃取、吹脱和汽提、膜分离等过程。

吸附法是一种用多孔性固体吸附剂处理废水，使其中的污染物质被吸着于固体表面而分离的方法。吸附可分为物理吸附、化学吸附和生物吸附等。物理吸附是在吸附剂和吸附质之间、在分子间力作用下产生的，不产生化学变化。化学吸附则是吸附剂和吸附质之间发生化学反应、生成化学键引起的吸附，因此化学吸附选择性较强。另外，在生物作用下也可以产生生物吸附。在废水处理中常用的吸附剂有活性炭、磺化煤、沸石、硅藻土、焦炭、木屑等，吸附法主要用于脱除水中的微量污染物，包括脱色、除臭、脱重金属、各种溶解性有机物、放射性元素等。

离子交换法在废水处理中应用较广，主要用于去除废水中的金属离子和一些非金属离子，其实质是利用不可溶解的离子化合物（离子交换剂、离子交换树脂）

上的可交换离子与废水中的其他同性离子进行离子交换反应。上述离子交换反应是可逆的，当离子交换树脂使用一段时间后，树脂被废水中的离子饱和而不能继续交换时，可对树脂进行再生以恢复交换能力。常用的离子交换剂可分为无机离子交换剂（天然沸石和合成沸石）、有机离子交换树脂（强酸阳离子树脂、弱酸阳离子树脂、强碱阴离子树脂、螯合树脂等）。采用离子交换法处理废水时，必须考虑树脂的选择性，树脂对各种离子的交换能力是不同的，这主要取决于各种离子对该种树脂亲和力的大小（又称选择性的大小），另外还要考虑树脂的再生方法等。

膜是具有选择性分离功能的材料。渗析（如电渗析）、超滤、反渗透等技术都是通过一种特殊的半渗透膜来分离废水中离子和分子的技术，统称膜分离法。膜分离与传统过滤的不同之处在于，膜可以在分子范围内进行分离，并且此过程是一种物理过程，不需发生相的变化和添加助剂。膜的孔径一般为微米级，依据其孔径的不同（或称截留相对分子质量），可将膜分为微滤膜（MF）、超滤膜（UF）、纳滤膜（NF）和反渗透膜（RO）等。根据材料的不同，膜可分为无机膜和有机膜：无机膜主要是微滤级别的膜，如陶瓷膜和金属膜；有机膜是由高分子材料做成的，如乙酸纤维素、芳香族聚酰胺、聚醚砜、聚氟聚合物等。

综上所述，废水处理相当复杂，处理方法的选择必须根据废水的水质和数量，排放到的接纳水体或水的用途来考虑。同时还要考虑废水处理过程中产生的污泥、残渣的处理利用和可能产生的二次污染问题，以及絮凝剂的回收利用等。

5.4 固体废弃物控制

固体废弃物是指人类在生产、消费、生活和其他活动中产生的固态、半固态废弃物质。固体废弃物的产生与排放伴随着人类社会活动的各个环节，社会化生产的生产、分配、交换、消费环节都会产生废弃物；产品生命周期的产品的规划、设计、原材料采购、制造、包装、运输、分配和消费等环节也会产生固体废弃物；利用固体废弃物进行逆生产及相应的逆向物流过程也同样会产生固体废弃物；土地使用的各功能区（住宅区、商业区、工业区、农业区、市政设施、文化娱乐区、户外空地等）都会产生固体废弃物；全社会的任何个人、企事业单位、政府组织和社会组织都会产生并排放固体废弃物。

根据废弃物来源，固体废弃物分为生活废弃物、工业固体废弃物和农业固体废弃物。生活废弃物是指在日常生活中或者为日常生活提供服务的活动中产生的固体废物以及法律、行政法规规定视为生活垃圾的固体废物，包括城市生活废弃物和农村生活废弃物，由日常生活垃圾和保洁垃圾、商业垃圾、医疗服务垃圾、城镇污水处理厂污泥、文化娱乐业垃圾等为生活提供服务的商业或事业产生的垃圾组成。工业固体废物是指工业生产活动（包括科研）中产生的固体废物，包括工业废渣、废屑、污泥、尾矿等废弃物。农业固体废物是指农业生产活动（包括科研）中产生的固体废物，包括种植业、林业、畜牧业、渔业、副业五种农业产业产生的废弃物。

5.4.1 固体废弃物的危害

固体废弃物产生源分散，产量大，组成复杂，形态与性质多变，可能含有毒性、燃烧性、爆炸性、放射性、腐蚀性、反应性、传染性与致病性的有害废弃物或污染物，甚至含有污染物富集的生物，有些物质难降解或难处理，排放（固体废弃物数量与质量）具有不确定性与隐蔽性，因此，固体废弃物若不妥善处理，可能对人类资源环境和身体健康造成极大危害。固体废弃物的危害主要体现在以下方面。

（1）破坏生态环境、造成环境污染：包括一次污染和二次污染。如将固体废弃物简易堆置、排入水体、随意排放、随意装卸、随意转移、偷排偷运等不当处理，固体废弃物所含的非生物性污染物和生物性污染物可能进入土壤、水体、大气和生物系统，对土壤、水体、大气和生物系统造成一次污染，破坏生态环境，如一些工业企业将工业有害废弃物直接排入江河湖泽或通过管网排入水体。

固体废弃物处理过程中，固体废弃物所含的一些物质（包括污染物和非污染物）参与物理反应、化学反应、生物生化反应，生成新的污染物，导致二次污染。二次污染形成机理复杂，防治比一次污染更加困难。固体废弃物处理过程中常见的二次污染物及其产生途径有：①长时间不当储存与堆置导致固体废弃物霉菌和寄生虫等病原体，加速病虫害繁殖与生长，带来疾病和疾病传播危险；②固体废弃物处置过程中，有机易腐物发酵腐烂产生甲烷气、臭气等大气有害物和有机废水等土壤和水体污染物，同时会滋生多种微生物；③固体废弃物不当焚烧，产生氮氧化物、氯化氢、硫氧化物等大气有害物；④生活垃圾、医疗垃圾的焚烧产生二噁英，以及大量的含重金属和二噁英等污染物的垃圾焚烧飞灰；⑤固体废弃物堆置、填埋过程中，重金属形态变化及迁移，生成土壤和水体的重金属污染物；⑥易燃易爆等有害废弃物的不当处置可能导致火灾、爆炸等事故。

固体废弃物对水体、土壤和大气的污染通常体现在以下方面：①固体废弃物若处置不当，其有害成分能随溶沥水进入土壤，从而污染地下水，同时也可能随雨水渗入水网，流入水井、河流以至附近海域，被植物摄入，再通过食物链进入人体，降低人体机体对疾病的抵抗力，引起疾病（种类）增加，对机体造成即时或潜在的危害，甚至导致机体死亡；②未经妥善处置的有害固体废物经过风化、雨淋、地表径流等作用，其有毒成分将渗入土壤，进而杀死土壤中的微生物，破坏土壤中的生态平衡，使土壤受到污染，甚至寸草不生；③固体废弃物中的干物质或轻物质随风飘扬，会对大气造成污染；④固体废弃物焚烧后产生的大量有害气体和粉尘未经妥善处置也会对大气造成巨大污染；⑤一些有机固体废弃物长期堆放，在适宜的温度和湿度下会被微生物分解，同时释放出有害气体。

（2）资源消耗与浪费：固体废弃物产量大，且存量固体废弃物量（填埋、简易堆置处置）也很大，消耗大量的物质资源，占用大量土地资源。据估算，每万吨固体废弃物堆放需占地 $666.7m^2$，随着国民经济的快速发展和人民生活水平的提高，工业废弃物和城市生活垃圾的占地堆放与人类生存和发展的矛盾日益突出。巨量固体废弃物的产生意味着巨量物质资源的消耗与浪费，巨量存量固体废弃物意味着大量土地资源被占用与浪费。与欧美发达国家固废的产生所处的成熟稳定期不同，我国正处于固废产生的高速发展期，固体废弃物产量伴随工业经济的高速增长而持续迅速增大，增长速率远远超过处理设施处理能力的增长速率，后果是出现"垃圾围城"困境。因此，妥善处理固体废弃物除浪费大量的物质、土地资源外，还将消耗大量的人力、财力、信息和时间等资源。

5.4.2 工业固体废弃物

工业固体废弃物是指在工业生产活动中产生的固体废弃物，简称工业固废，是工业生产过程中排入环境的各种废渣、粉尘及其他废弃物。

工业固体废弃物可分为一般工业固体废弃物和工业有害固体废弃物。一般工业固体废弃物是指按照国家标准 GB 5086.1—1997 规定方法《固体废物 浸出毒性浸出方法 翻转法》进行浸出试验而获得的浸出液中，任何一种污染物的浓度均未超过国家标准 GB 8978—1996《污水综合排放标准》最高允许排放浓度，且 pH 在 6~9 范围之内的工业固体废弃物，如高炉渣、钢渣、赤泥、有色金属渣、粉煤灰、煤渣、硫酸渣、废石膏、脱硫灰、电石渣、盐泥等。工业有害固体废弃物则按照 GB 5086.1—1997 规定方法进行浸出试验而获得的浸出液中，有一种或一种以上的污染物浓度超过 GB 8978—1996 最高允许排放浓度，或者是 pH 在 6~9 范围之外的工业固体废物。部分有害废弃物根据国家标准 GB 5085—2007《危险废物鉴别标准》被列入危险废弃物，如垃圾焚烧飞灰、含重金属铅、镉、汞等工业废渣或污泥等，上述危险废弃物必须妥善处理，否则将对环境和人类健康造成巨大危害。

传统无机材料工业生产将产生大量工业固体废弃物，如：①陶瓷、玻璃、耐火材料、水泥等行业原材料开采、加工、粉碎、分筛、淘洗过程中将产生的大量矿渣、粉尘、废屑、污泥等；②产品废品，包括陶瓷废品、耐火材料废品、各类玻璃废品、玻璃纤维废品、水泥废品等，以陶瓷废品为例，陶瓷废品又包含生坯废品、素烧废品、施釉废品、烧成废品等；③废石膏模具、烧成匣钵、废木头、废耐火材料、废锡渣等消耗品废弃物；④废泥渣、加工废屑等（如废水处理沉淀物、磨边抛光废屑等）。

5.4.3 固体废弃物的处置

长期以来，固体废弃物主要通过土地填埋方式进行处理。然而，随着废弃物产量的增多，土地填埋已经无法实现固体废弃物的处理。同时，废弃物含有大量的污染物质，不妥善处理会存在着多种危害风险。因此，固体废弃物的处理与处置成为当前环境污染治理重要的方面之一。

固体废弃物的处置是指采取物理、化学、生物的措施使固体废弃物转化成适于运输、储存、资源化利用以及最终处置的一种过程。固体废弃物的处置又分为预处理和资源化两个阶段。预处理通常涉及固体废弃物中材料和某些组分的分离和浓集过程，包括收集、运输、压实、破碎、分选等工艺过程。资源化是指通过管理和工艺措施从固体废弃物中回收有用的物质和能源的处理方式。

虽然固体废弃物对人类健康和环境有着巨大的危害，但是也是一种巨大的资源，固体废弃物中含有大量的金属、非金属等有价材料，可以用于生产建筑材料，可燃无害废弃物能为工业生产提供能源等。随着对环境保护的日益重视以及正在出现的全球性资源危机，工业发达国家已高度重视从固体废弃物中回收资源和能源，并将再生资源的开发利用视为第二矿业。我国也于20世纪80年代中期提出了"无害化"、"减量化"和"资源化"的固体废弃物控制政策，未来的趋势也是从无害化走向资源化。

固体废弃物的无害化是指将固体废弃物通过过程处理，达到不损害人体健康、不污染自然环境的目的，如高温焚烧、卫生填埋、厌氧发酵、热处理等方式；减量化是指通过一定手段减少固体废弃物的数量和体积，包括减少固体废弃物的产生和对固体废弃物进行减量减容处理两方面；资源化是指采取适当的工艺技术从固体废弃物中回收有用的物质和能源。对于无机材料来说，一方面，维持工业生产的石油、煤炭和天然矿物等不可再生资源正以惊人的速度被开发和消耗；另一方面，无机材料及其他工业生产产生的固体废弃物数量高速增长。在此严峻的形势下，固体废弃物的资源化已成为欧美、日本等发达地区和国家的重要经济政策。

综上所述，实现固体废弃物资源化处置是我国建设资源节约型、环境友好型社会的必然选择，是推进我国经济结构调整、转变经济增长方式的必由之路。因此，固体废弃物的资源化综合利用对我国经济和环境的可持续发展都具有重大的战略意义。

5.4.4 工业固体废弃物在无机材料工业中的应用

在无机材料工业中，工业固体废弃物资源化利用量最大的方式是作为建筑材料和原材料。

工业固体废弃物（建筑废渣、采矿废渣、燃料废渣、冶金废渣、有色金属废渣、化学工业废渣、塑料废渣、铁矿渣、磷石膏等）均可用于生产水泥、砖瓦、陶瓷、混凝土骨料、耐火材料、铸石、防火材料、微晶玻璃、筑路材料等。

以燃料废渣粉煤灰为例，粉煤灰在无机材料工业中可用于生产粉煤灰水泥、加气混凝土、粉煤灰砖、粉煤灰砌块、粉煤灰陶瓷等。粉煤灰是煤粉经高温燃烧后形成的一种似火山灰质混合材料。燃煤电厂将煤磨细成 $100\mu m$ 以下的煤粉，用热空气喷入 $1300\sim1500°C$ 的炉膛内，在其中悬浮燃烧，燃烧产生的高温烟气经收尘装置捕集即得粉煤灰。粉煤灰的化学组成与煤的矿物成分、煤粉细度及燃烧方式有关，其主要成分为 SiO_2、Al_2O_3、Fe_2O_3、CaO 和未燃炭等，还含有少量 K、P、S、Mg 的化合物及 As、Cu、Zn 等微量元素。粉煤灰有着良好的物理化学性能和利用价值，可称为一种二次资源，粉煤灰中的 CaO、SiO_2 等物质对于无机材料工业而言可作为建材和工业原料，具有广阔的应用和开发前景。粉煤灰的主要资源化应用包括：①作为建筑材料用于配制粉煤灰水泥、混凝土、烧结砖、砌块、陶粒等；②作为土建原料代替砂石用于路基、堤坝和隧道工程等；③作为填充材料回填煤坑、洼地、塌陷区等；④用于制造人造沸石和分子筛、制备絮凝剂、制作活性炭或吸附材料等。

以冶金废渣高炉渣为例，高炉渣是高炉炼铁的固体废弃物。炼铁以铁矿石（含以 SiO_2、Al_2O_3 等为主要成分的脉石）、焦炭、助溶剂（石灰石或白云石）烧结矿和球团矿等为原料，原料在 $1300\sim1500°C$ 的高温炉内熔融，矿石中的非挥发组成以硅酸盐和铝酸盐为主，浮在铁水中形成熔渣，即高炉渣。通常每炼 1t 生铁产渣 $300\sim900kg$。我国高炉渣的应用包括：①把熔渣通过急冷湿式处理制成水渣，用于生产水泥、矿渣砖、混凝土、道路材料、地基加固材料等。②把熔渣通过急冷半湿式处理用于生产膨珠，膨珠全称为膨胀矿渣珠，是在适量水冲击和成珠设备的配合作用下，熔渣被甩到空气中使水蒸气蒸发并在内部形成空隙、经冷却后形成珠状矿渣。膨珠可用于轻质混凝土骨料，性能优良，被广泛应用。③缓冷处理后形成重矿渣（矿渣碎石），用作骨料和道砟。矿渣碎石物理性能与天然岩石相近，其稳定性、坚固性、冲击强度、耐磨性及韧度等性能均满足工程要求，经破碎、分级后可代替碎石用作骨料配制混凝土、在道路建设中作为道路材料等。④用于生产矿渣棉：以高炉渣为原料，加入白云石、玄武岩等，加热融化后，采用高速离心或喷吹等方法制成棉丝状矿物纤维——矿渣棉。矿渣棉质轻、保温、隔热、隔音、防震，可加工成各类板、毡、管壳等制品。⑤利用高钛型高炉渣生产护炉材料。高钛矿渣的主要成分包括钙钛矿、安诺石、钛辉矿及 TiC、TiN 等。利用高钛型高炉渣的低价氧化物在高温冶炼过程中溶解，并在低温时自动沉积于炉缸、炉底的侵蚀严重部位的特点，可减缓渣铁的侵蚀作用，达到护炉的作用。⑥用作生产微晶玻璃、陶瓷、铸石等。

以采矿废渣煤矸石为例，煤矸石是采煤过程和洗煤过程中排放的固体废物，是一种在成煤过程中与煤层伴生的一种含碳量较低、比煤坚硬的黑灰色岩石。煤矸石由有机含碳物（可燃烧生热）和无机矿物组成，矿物成分包括高岭土、石英、蒙脱石、长石、伊利石、石灰石、硫化铁、氧化铝等。煤矸石的主要成分是Al_2O_3、SiO_2，另外含有数量不等的Fe_2O_3、CaO、MgO、Na_2O、K_2O、P_2O_5、SO_3和微量稀有元素（镓、钒、钛、钴）。煤矸石的主要应用包括：①高碳含量的煤矸石可代替燃料，用于燃烧锅炉或发电；②部分或全部代替黏土组分生产水泥；③代替黏土作为制砖原料，如以页岩、煤矸石为主要原料经焙烧制作烧结空心砖；④用来制备轻骨料，制备混凝土砌块、陶瓷等建筑材料；⑤用盐酸浸取制备结晶氯化铝、水玻璃、硫酸铵等化工产品。

对无机材料工业生产的废弃产品，以工业废玻璃（平板玻璃、玻璃纤维、日用玻璃等）为例，其资源化应用方式包括：①废玻璃经加工、粉碎后掺入配合料中用来熔化玻璃制备玻璃产品，可起到减少玻璃原料消耗、降低熔融温度等作用；②一部分废玻璃（玻璃器皿、平板玻璃和玻璃纤维）经粉碎、预成型、加热焙烧后，可制作玻璃马赛克、玻璃饰面砖、玻璃质人造石材、微晶玻璃、玻璃器皿、玻璃微珠、彩色玻璃球、玻璃陶瓷等制品；③利用废玻璃可生产泡沫玻璃和玻璃棉等保温、隔热、隔音材料等。以陶瓷工业废品为例，陶瓷废坯、废泥可通过除铁、干燥、破碎过筛等工序后用作仿古砖或内墙砖的坯料；烧成废品可将其重新粉碎后添加到瓷砖配料中用于生产瓷砖坯料；利用抛光砖废渣在高温烧结中易发泡的原理，可制备多孔陶瓷新型墙体材料，也可用于制造广场透水砖；陶瓷废料还可用于生产陶粒；可作为轻骨料制备混凝土和墙体保温材料；可作为原料用于水泥生产；电子陶瓷或部分功能陶瓷在制备过程中需掺入一些贵金属元素（如银、钯等）以获得特定功能和性能，产品废品可以通过萃取、溶解、还原、浸出等工艺处理，提取回收贵金属，减少环境污染，实现废物资源化利用。

第 6 章 综合能力的培养

大学生实践能力的培养是当前教育改革的重点之一，也是高校提高教学质量的关键所在。按照能力形成的规律，学生实习是实现理论与实践有机结合的有效途径。只有通过专业实习和专业实践，学生才可能从中发现自己的不足，回到课堂后才会有针对性地弥补相关方面能力的缺失。根据《中国教育报》报道，一项对 135 家企事业单位用人情况的调查结果显示，52%的单位看重大学生的实习经历和在校期间的实习成果。这些用人单位表示，在审查毕业生简历时通常将实践经验作为了解其能力的重要途径，甚至作为最终单位是否愿意接收该毕业生的条件。

调查表明，当前我国高校的校企实践教学合作并不完善，85%以上企业仅限于为学生提供实习、实训场所，同时在有条件的情况下派出少数实训指导教师进行现场指导，企业不安排学生进入真实工作场所，不承担学生实习、实训教学工作。学生仅限于对企业业务流程的大致了解，不正式顶岗工作，在场实习、实训时间普遍比较短，难以从根本上提高学生就业时需要的实践能力。如何更好地利用实习教学平台，切实培养大学生综合能力和素质已成为当今高等教育发展的重要课题。

对高校而言，应加快建设新型复合应用型人才实习实训平台，与企业建立一种产业式结合新模式，调动企业参与高等教育的积极性，形成"产学研"结合的长效机制，带动大学生实践能力的培养。在新的机制下，高校作为企业技术革新的科研服务机构和高技术人才的培养基地，企业为大学生提供全方位的实践锻炼平台，形成互利双赢的运行机制。企业深入参与高校实习教育的形式包括：参与高校实习教学计划的制订和安排，针对性安排实习指导人员，有计划安排大学生实习，对学校的实习教育定期意见反馈，较长时间地安排学生顶岗或轮岗实习工作，参与实习的教学和考核工作，为适合学生提供就业岗位等。

对实习学生而言，应尽可能地利用好校企实习教育平台，在实习中主动培养和锻炼一系列综合能力。这些能力是由相互联系、相互影响的若干种能力构成的能力体系，可以分为基本实践能力和专业实践能力。基本实践能力包括语言表达能力、自学能力、人际交流能力、环境适应能力、组织管理能力、心理承受能力、团队协作能力等；专业实践能力包括知识能力、加工操作能力、科研实验能力、信息处理能力、观察能力、逻辑思维能力、创新能力等。为了让学生更好地适应现代企业的需求，还有必要在实习阶段培养大学生树立良好的职业道德，培养良好的职业素质。

6.1 基本实践能力

基本实践能力包括语言表达能力、自学能力、人际交往能力、环境适应能力、组织管理能力、团队协作能力等。上述能力对于高校大学生未来走向企业、走向社会后将直接转化为其综合职业能力。

语言表达能力是指在口头语言（说话、演讲、作报告）及书面语言（回答申论问题、写文章）的过程中运用字、词、句、段的能力。在实习阶段，大学生应多听多读：听取同事、同学、领导的说话方式，学习其好的说话技巧，为多说做准备，要多阅读所实习科目相关的文献资料，从文献资料中汲取专业术语和工程术语表达的方式方法和技巧，从而增加语言素材；要多说：应多与指导教师和同事、同学进行语言交流，要有准备、有计划、有条理地去说，在实际说的过程，进行语言表达能力锻炼；要多写：养成多动笔的习惯，在实习过程中用笔记本把日常的观察、工作数据、工作体会以各种形式记录下来，定期进行思维加工和整理，并学会专业论文、工作报告、学习总结等多种形式文体的撰写，通过日积月累提高写作技巧。在实习过程中，学校将通过让学生进行阶段性报告、答辩、提交总结报告、日常例会等方式检查实习学生的语言表达能力。

自学能力是指在没有教师和其他人帮助的情况下自我学习的能力。提高自学能力，掌握正确的学习方法很重要。以问题为中心的学习方法，是提高自学能力的有效方法。此方法就是在学习过程中，把学习知识的过程化解为提出问题、分析问题、解决问题的过程，把要学习的知识分解为具体问题去学习、领会和掌握。大学生走出课堂，在实习企业面对陌生的工程环境和职业环境，必须具有较强的自学能力，才能够更好地完成实习科目训练。

人际交往能力是指妥善处理组织内外关系的能力，包括与周围环境建立广泛联系和对外界信息的吸收、转化能力，以及正确处理上下左右关系的能力。在实习企业实习岗位以及未来职场上，人际圈可能包括领导、同事、下属等，大学生必须具备妥善处理人际关系的能力。在上司面前要讲诚信、讲义气，要谦逊、要敬重，要善于向领导学习，勇于接受领导的批评，注意维护领导的权威，敢于说真话谏直言，在一些具体问题上要给领导当好参谋和助手。对同事要平等友好，任何同事日后都可能成为你的好朋友、重要的工作伙伴，甚至变成你的顶头上司，所以让自己保持一个开朗的胸襟、要真诚相待、加强沟通、勤奋好学、多看别人的优点、助人为乐、平等待人、言而有信、戒骄戒躁、学会拒绝、不斤斤计较。善于和同事相处是事业成功的基础。对下属要坦诚相对、多关心，使下属感到被尊重和重视，拉近上下级之间的心理距离，激发下属的工作积极性。

总之，人际交往能力是一门艺术，没有交往能力的人，就像陆地上的船，永远到不了人生的大海。

环境适应是指个人为与环境取得和谐的关系而产生的心理和行为的变化。环境主要包括自然环境与社会环境。环境适应能力是个体为满足生存需要而与环境发生调节作用的能力。大学生对新环境的适应即个人为适应现在及未来的社会生活，通过学习获得符合特定社会要求的知识、技能、习惯、价值观、态度、理想和行为模式，成为具有独特人格的社会成员并履行其社会职责的过程。大学生环境适应能力主要包括环境认知能力、社会参与能力和心理承受能力三个方面。其中，心理承受能力的培养是适应环境、实现主客观平衡的基本保障。任何外界环境的变化在作用于大学生主体时都会在主体的心理上产生影响，环境适应障碍归根结底是心理上的障碍，心理承受能力的提高能够在很大程度上避免这种障碍的产生。在当今市场经济时代，任何人都必须接受市场的筛选、竞争的考验，主动适应社会、企业和市场的需要，否则便会被无情地淘汰。大学生的各类实习、实践活动的目的即是让学生走出校门、进入社会，更好地了解社会、适应社会。

组织管理能力是指为了有效地实现目标，灵活地运用各种方法，把各种力量合理地组织和有效地协调起来的能力，包括协调关系的能力和善于用人的能力等。组织管理能力是一个人的知识、素质等基础条件的外在综合表现。现代社会是一个庞大的、错综复杂的系统，绝大多数工作往往需要多人的协作才能完成，所以，从某种角度讲，每一个人都是组织管理者，承担着一定的组织管理任务，因此，虽然大学生毕业后不可能每个人都走上领导岗位从事管理工作，但每个人在将来的工作中都会不同程度地运用到组织管理才能。组织管理能力已成为现代社会对人才培养的新要求。在实习过程中，大学生会被分配到各类企业岗位及职位，也有同学将成为实习领队、小组长等实习管理职位。任何一个职位都是大学生组织管理能力得到锻炼的机会。在实习阶段，如果担当了组织职位，就要敢"管"、敢"理"、敢"做"，即积极任事、勇于担责、善于梳理、认真执行；如果未获得相应职位，没有机会组织别人，那势必也有机会接受别人的组织，此时不要漠然视之，被动应付，要努力学习，以积极的态度配合别人并注意揣摩别人的组织方式方法，还可通过积极组织各类学生活动、社会活动来锻炼自己的组织管理能力。

团队协作能力是指建立在团队的基础之上，发挥团队精神、互补互助以达到团队最大工作效率的能力。对于团队的成员来说，不仅要有个人能力，还需要有在不同的位置上各尽所能、与其他成员协调合作的能力。团队强调的是协同工作，在一个团队中，如果团队的每位成员都主动去寻找其他成员的积极品质，取长补短，相互协作，那么团队的协作就会变得很顺畅，工作效率就会提高。随着现代企业制度的不断完善，企业要求大学生能迅速融入企业团队开展工作，并表现出优秀的团队协作能力，帮助组织实现预期的目标，同时推动个人职业实现良好发展。在实习教学中，将以"任务驱动或项目引领、团队协作完成"的方式培养大学生团队工作、团队协作的能力。

6.2 专业实践能力

专业实践能力是指完成某种职业活动所必须具备的实践能力，对于不同工科专业，所需具备的专业实践能力是不同的。对于无机材料专业，专业实践能力包括专业知识能力、加工操作能力、科研实验能力、信息处理能力、观察能力、逻辑思维能力等。

专业知识能力主要是指大学生掌握无机材料专业领域内专业知识的能力。无机材料领域内的专业知识包括无机材料的结构基础、无机材料制备工艺原理、热工基础、热工设备、无机材料测试和分析方法、无机材料物理性能、新型无机材料等。专业知识能力是大学生校内课堂学习效果的体现，在实习过程中，具有较强专业知识能力并加以熟练运用是大学生取得良好实习效果的基本保障。

加工操作能力主要是指大学生在实习阶段熟练进行仪器设备操作并能够进行生产加工的能力。这种能力的培养主要是通过在实习过程中不断学习、认识和实践练习，最终达到熟练运用的目的。

科研实验能力是指利用科研手段和装备，为了认识客观事物的内在本质和运动规律而进行的调查研究、实验、试制等一系列活动的能力。科学研究的基本任务就是探索、认识未知，科学研究分为基础研究、应用研究和开发研究。在生产实习阶段，主要是进行应用研究和开发研究，应用研究是指在基础研究的基础上开辟具体的应用途径，使之转化为实用技术；开发研究是指把基础研究、应用研究应用于生产实践的研究，是科学转化为生产力的中心环节。在实习阶段，可以结合实习企业研发需求，结合企业生产应用实际，针对性设置研发项目，通过任务导向来培养大学生的科研能力和工程能力。在实习阶段，实验能力的培养还可以通过为大学生安排检验、化验、测试等岗位来加以锻炼。

信息处理能力主要指信息的获取、储存、加工、发布和表示等能力。人类的生产和生活在很大程度上依赖于信息的收集、处理和传送。在专业实习中将获取大量的仪器设备信息、研发数据信息、化验检验信息和生产销售信息等，通过分析总结、制表绘图以及计算机处理等手段对信息进行有效加工处理，为企业提供设备工作状态、工艺方案、研发结果、产品性能、原材料品质、生产状况、销售状况等有用信息。

观察能力是指通过观察进行认识活动的能力。观察是一种有目的、有计划、有思维活动的知觉活动，是一个人认识事物的重要途径，是智力活动的基础。著名生理学家巴甫洛夫说："不会观察，你就永远当不了科学家。"在生产实习阶段，需要通过观察生产、观察研发等过程来获得大量的感性认识,然后通过科学思维活动对观察结果进行处理加工。培养大学生在实习过程中细致、准确、全面的观察能力是保障学生完成实习科目训练的基本。在实习阶段,要让学生明确观察的目的性,做好观察前的准备工作,学会通过对比观察、顺序观察、重点观察、动静观察、综合观察等多种方法全面提高观察能力。

逻辑思维能力是指正确、合理思考的能力,即对事物进行观察、比较、分析、综合、抽象、概括、判断、推理的能力,采用科学的逻辑方法,准确而有条理地表达自己思维过程的能力。逻辑思维能力除了在课堂学习中进行培养外,在实习实践环节更有利于大学生的分析、判断、推理等逻辑思维能力的提高。在实习实践环节,学生具有主体地位,将经常面对新原料、新工艺、新设备、新产品及各种课堂教学无法涉及的新情况。在此过程中,学生就会进行分析、思考,如何更好地应对新事物、新情况,这样极大地训练了大学生的逻辑思维能力。

创新能力是运用知识和理论,在科学、艺术、技术和各种实践活动领域中不断提供具有经济价值、社会价值、生态价值的新思想、新理论、新方法和新发明的能力。创新能力是民族进步的灵魂、经济竞争的核心。当今社会的竞争,与其说是人才的竞争,不如说是人的创造力的竞争。在考试成绩导向的现行教育体制下,大学生创新能力的不足主要体现在缺乏创新观念和创新欲望,缺乏创新性思维能力,缺乏创新的兴趣和毅力,缺乏创新所必需的毅力。因此,大学生创新能力培养是高校面临的一大重要任务。要把高校实践教学作为提高高等教育质量的一个切入点、突破口,作为创新人才培养的一条重要路径。在生产实习过程中,改革生产实习模式,使大学生在掌握课堂知识的基础上,以任务驱动或项目引领模式,通过企业实习,大胆突破课堂思维、学习和运用新技术、新工艺、新设备,创造新产品。

另外,在企业完成复杂任务和解决综合问题时通常涉及技术、经济、社会、环境、心理等各种问题,这要求大学生要跨学科跨专业运用各种知识,并综合地运用基础实践能力和专业实践能力。综上所述,企业生产实习是大学生各种能力培养的一个重要平台,是高等教育高质量人才培养的重要切入点和突破口。

6.3 职业素养和职业道德

职业是指参与社会分工,用专业的技能和知识创造物质或精神财富,获取合理报酬,丰富社会物质或精神生活的一项工作。从国民经济活动所需要的人力资源角度来看,职业是指不同性质、不同内容、不同形式、不同操作的专门劳动岗位。

综合职业能力是人们从事其职业的多种能力的综合,是个体将所学的知识、技能和态度在特定的职业活动或情境中进行类化迁移与整合所形成的能完成一定职业任务的能力。大学生未来走向工作岗位后，应具有的职业素养除涵盖基本实践能力和专业实践能力外（职业技能），还应具有良好的职业道德、职业思想和职业行为习惯。其中，职业技能通过学习、培训比较容易获得，进而在实践应用中逐渐成熟而成为专家，而职业道德、职业思想和职业行为习惯则是属世界观、价值观、人生观范畴的产物，需要在职业生涯中逐步形成和完善。如果一个人基本的职业素养不够，如说忠诚度不够，那么技能越高的人，其隐含的危险越大。

近年来，越来越多的企业在参加高校招聘会后感叹"招不到合适的人选"。事实表明，并不是高校培养的大学生知识结构和实践能力达不到企业的标准，而是其职业素养难以满足企业的要求。既然社会需要具有较高的职业素养的毕业生，那么，高校教育应该把培养大学生的职业素养作为其重要目标之一。同时，社会、企业也应与高校通力合作，共同培养大学生的职业素养。

职业素养是在职业过程中表现出来的综合品质。良好的职业素养是企业必需的，是个人事业成功的基础，是大学生进入企业的"金钥匙"。大学生的职业素养包括显性和隐性两方面：显性职业素养代表大学生的形象、资质、知识、职业行为和职业技能等方面，可以通过学历证书、职业证书、专业认证及一些考试成绩来证明；隐性职业素养代表大学生的职业道德、职业意识、职业作风和职业态度等方面，是看不到的，但正是隐性职业素养决定、支撑着外在的显性职业素养。

中国社会调查所最近完成的一项在校大学生心理健康状况调查显示：75%的大学生认为压力主要来源于社会就业；50%的大学生对于自己毕业后的发展前途感到迷茫，没有目标；41.7%的大学生表示目前没考虑太多；只有8.3%的人对自己的未来有明确的目标并且充满信心。因此，大学生在大学期间应学会自我培养职业素养。首先，每个大学生应明确我是一个什么样的人，我将来想做什么，我能做什么，环境能支持我做什么。着重解决的一个问题就是，认识自己的个性特征，包括自己的气质、性格和能力，以及自己的个性倾向，包括兴趣、动机、需要、价值观等。据此来确定自己的个性是否与理想的职业相符。对自己的优势和不足有一个比较客观的认识，结合环境、社会资源等确定自己的发展方向和行业选择范围，明确职业发展目标；配合学校的培养任务，完成知识、技能等显性职业素养的培养。职业行为和职业技能等显性职业素养比较容易通过教育和培训获得。学校的教学及各专业的培养方案是针对社会需要和专业需要制订的，旨在使学生获得系统化的基础知识及专业知识，加强学生对专业的认知和知识的运用，并使学生获得学习能力、培养学习习惯。因此，大学生应该积极配合学校的培养计划，认真完成学习任务，尽可能利用学校的教育资源，包括教师、图书馆等获得知识和技能，作为将来职业需要的储备。大学生还应有意识地培养职业道德、职业态度、职业作风等方面的隐性职业素养。隐性职业素养是大学生职业素养的核心内容。核心职业素养体现在很多方面，如独立性、责任心、敬业精神、团队意识、职业操守等。例如，在一次招聘会中，一位来自上海某名牌大学的女生在中文笔试和外语口试中都很优秀，但被最后一轮面试淘汰。因为面试者问该学生："你可能被安排在大客户经理助理的岗位，但你的户口能否进深圳还需再争取，你愿意吗？"结果，该生犹豫片刻后回答说："需要回去和父母商量后再决定。"缺乏独立性使她失掉了工作机会。大学生实习也是培养大学生职业素养的一个良好平台，企业家、专业人士为大学生提供实践知识、企业文化和职业培训。在实习过程中，大学生能够零距离接触企业、接触社会，锻炼职业技能，培养独立性、团队协作能力、职业意识、责任心和使命感等，全面培养职业素养。

在职业素养的形成中，职业道德是重要的组成要素。道德是评价一个人的尺度。在市场经济发展的今天，职业道德是一个人事业成功的最终保障。以三鹿集团原董事长田文华为例，其专业技能和业务能力非常强，她自己也一直被各种光环笼罩，并享受国务院特殊津贴，公司产品三鹿奶粉连续15年占据全国奶粉销量冠军的宝座。但职业道德的缺失使其公司有见利忘义的冲动，有明知故犯的侥幸，有心知肚明的"默契"，就是没有起码的道德良知约束。事件的发展表明，企业领导职业道德的缺失导致几乎一夜之间"三鹿品牌"声誉扫地，其个人也承担了应有的法律责任。因此，在市场经济高度发展的今天，只有树立良好的职业道德，以"义利并重"的道德观念竞争和发展，才能立于不败之地。

职业道德是同人们的职业活动紧密联系的符合职业特点所要求的道德准则、道德情操与道德品质的总和，它既是对本职人员在职业活动中的行为标准和要求，又是职业对社会所负的道德责任与义务。

概括而言，职业道德主要应包括以下几方面的内容：忠于职守，乐于奉献；实事求是，不弄虚作假；依法行事，严守秘密；公正透明，服务社会。对于各行各业，职业道德还有各自具体规范要求。

案例分析一： 2012年，杭州司机吴斌在驾驶大客车行驶于沪宜高速时被迎面飞来的制动毂残片砸碎前窗玻璃后刺入腹部致肝脏破裂，在危急关头，他强忍着剧烈的疼痛将车辆缓缓停下，拉上手刹、开启双闪灯，以一名职业驾驶员的高度敬业精神，完成一系列完整的安全停车措施后，又以惊人的毅力，从驾驶室艰难地站起来告知车上旅客注意安全，然后打开车门，安全疏散旅客。最后，耗尽了最后一丝力气的他瘫坐在座位上。他没有把最宝贵的第一时间留给自己处理伤势和拨打120，而是留给了车上的24名乘客。一个肝脏被突然刺破的人，要用怎样的意志力才能做到这一点啊！吴斌忠于职守的职业道德感动了所有人，并被追授予全国五一劳动奖章，追授为全国道德模范。

案例分析二： 在2014年12月30日中国国家自然科学基金委员会召开的"捍卫学术道德，反对科研不端"通报会上，基金委通报了2013年度至2014年度查处的科研不端行为中的 7 个典型案例。在这 7 个典型案例中，部分科研工作者职业道德缺失，通过篡改出生年月、变造学业简历和身份证件、盗用他人名义、伪造签名、抄袭剽窃他人申请书、盗用他人研究成果、套用他人学术思想等手段来骗取国家的科技经费支持。根据通报，这些科研工作者除个人和单位通报批评外，科技经费被收回，申请资格被取消一定年限。上述事件折射出科学工作者也是人，有着和普通人一样的愿望和弱点。他们在追求成功的过程中没有遵循从事科学事业的职业道德，在名利面前心态失衡、急功近利，最终使自己学术声誉扫地。

案例分析三：据中华人民共和国环境保护部 2015-01426 号通报，2015 年下半年全国各级环保部门共查实 8 起企业环保数据弄虚作假典型违法案例，10 名相关责任人被处以刑事或行政拘留。近年来，为加大对企业环保措施的监管，实现对大气、水环境的实时监测，由中央和地方配套投入污染在线监测网络的资金已逾百亿元。然而，一些企业从最初的偷排未达标污染物，到现在的修改企业现场端设备参数、破坏采样系统硬件，以逃避环保部门的监测、监管。这些现象凸显了部分排污企业领导职业道德沦丧，缺乏社会责任心和使命感。

随着我国社会主义市场经济体制改革的深入，市场经济出现了持续高速发展的局面，我国在政治、经济、文化和社会生活等方面都发生着巨大变化，这些变化对人们的道德观念以致职业道德产生了许多影响。当代大学生在进入企业和社会之前，一定要充分认识职业道德的重要性，在理论上认真学习职业道德基本知识；在生活中从小做起严格遵守社会行为规范；在社会实践锻炼中增强职业情感和职业意识，学做结合、知行统一；在职业活动中全面强化职业道德修养，成为一个有良好职业道德的人。

第 7 章 认 识 企 业

7.1 企 业 介 绍

7.1.1 企业的含义和特征

企业一般是指以盈利为目的，运用各种生产要素（土地、劳动力、资本、技术和企业家才能等）向市场提供商品或服务，实行自主经营、自负盈亏、独立核算的具有法人资格的社会经济组织。依照我国法律规定，公司是指有限责任公司和股份有限责任公司，具有企业的所有属性。

在商品经济范畴，作为组织单元的多种模式之一，按照一定的组织规律有机构成的经济实体一般以营利为目的，以实现投资人、客户、员工、社会大众的利益最大化为使命，通过提供产品或服务换取收入。它是社会发展的产物，因社会分工的发展而成长壮大。企业是市场经济活动的主要参与者，在社会主义经济体制下，各种企业并存，共同构成社会主义市场经济的微观基础。企业存在三类基本组织形式：独资企业、合伙企业和公司，公司制企业是现代企业中最主要、最典型的组织形式。

现代经济学理论认为，企业本质上运用一种资源配置的机制，其能够实现整个社会经济资源的优化配置，降低整个社会的"交易成本"。

企业有以下特征。

（1）组织性：企业不同于个人、家庭，是一种有名称、组织机构、规章制度的正式组织。另外，企业不同于靠血缘、亲缘、地缘或神缘组成的家族宗法组织、同乡组织或宗教组织，而是由企业所有者和员工主要通过契约关系自由地（至少在形式上）组合而成的一种开放的社会组织。

（2）经济性：企业作为一种社会组织，不同于行政、军事、政党、社团组织和教育、科研、文艺、体育、医卫、慈善等组织，它本质上是经济组织，以经济活动为中心，实行全面的经济核算，追求并致力于不断提高经济效益。另外，企业也不同于政府和国际组织对宏观经济活动进行调控监管的机构，它是直接从事经济活动的实体，与消费者同属于微观经济单位。

（3）商品性：企业作为经济组织，又不同于自给自足的自然经济组织，而是商品经济组织、商品生产者或经营者、市场主体，其经济活动是面向、围绕市场进行的。不仅企业的产出（产品、服务）和投入（资源、要素）是商品——企业是"以商品生产商品"，而且企业自身（企业的有形、无形资产）也是商品，企业产权可以有偿转让——企业是"生产商品的商品"。

（4）营利性：企业作为商品经济组织，却不同于以城乡个体户为典型的小商品经济组织，它是发达商品经济即市场经济的基本单位、"细胞"，是单个的职能资本的运作实体，是以赢取利润为直接目的和基本目的的，利用生产、经营某种商品的手段，通过资本经营，追求资本增值和利润最大化。

（5）独立性：企业还是一种在法律和经济上都具有独立性的组织，它（作为一个整体）对外、在社会上完全独立，依法独立享有民事权利，独立承担民事义务、民事责任。它与其他自然人、法人在法律地位上完全平等，没有行政级别、行政隶属关系。它不同于民事法律上不独立的非法人单位，也不同于经济（财产、财务）上不能完全独立的其他社会组织，它拥有独立的、边界清晰的产权，具有完全的经济行为能力和独立的经济利益，实行独立的经济核算，能够自决、自治、自律、自立，实行自我约束、自我激励、自我改造、自我积累、自我发展。

7.1.2 企业的类别

企业主要分类有国有、合资、私营、独资、集体所有制、股份制、有限责任等。

国有企业就是全民所有制企业，是由国家出资兴办的企业，实质就是生产资料属于全体人民共同所有的企业。

合资企业是由中国投资者和外国投资者共同出资、共同经营、共负盈亏、共担风险的企业。外国合营者可以是企业、其他经济组织或个人，中国合营者目前只限于企业、其他经济组织，不包括个人和个体企业。

私营企业是指由自然人投资设立或由自然人控股，以雇佣劳动为基础的营利性经济组织。

独资企业即自然人企业，由个人出资经营、归个人所有和控制、由个人承担经营风险和享有全部经营收益的企业。

集体所有制企业是指以生产资料的劳动群众集体所有制为基础的、独立的商品经济组织。集体所有制企业包括城镇和乡村的劳动群众集体所有制企业。

股份制企业是指两个或两个以上的利益主体，以集股经营的方式自愿结合的一种企业组织形式。它是适应社会化大生产和市场经济发展需要、实现所有权与经营权相对分离、利于强化企业经营管理职能的一种企业组织形式。

有限责任是与无限责任相对而言的，二者是投资者对其投资企业的债务承担责任的形式。有限责任制度是社会经济发展的产物，对于近现代公司的发展起着重要的作用，克服了无限公司股东负担的因公司破产而导致个人破产的风险，便于人们投资入股，是广泛募集社会大量资金、兴办大型企业最有效的手段。有限责任即有限清偿责任,指投资人仅以自己投入企业的资本对企业债务承担清偿责任,资不抵债的,其多余部分自然免除的责任形式。

企业按规模分为大型企业、中型企业、小型企业、微型企业。

企业按组织机构分为工厂、公司。

7.2 现代企业

现代企业是现代市场经济社会中代表企业组织的最先进形式和未来主流发展趋势的企业组织形式。现代企业的四个最显著的特点是所有者与经营者相分离,拥有现代技术,实施现代化的管理,以及企业规模呈扩张化趋势。

企业制度是企业产权制度、企业组织形式和经营管理制度的总和。企业制度的核心是产权制度,企业组织形式和经营管理制度是以产权制度为基础的,三者分别构成企业制度的不同层次。企业制度是一个动态的范畴,它是随着商品经济的发展而不断创新和演进的。

现代企业制度是以市场经济为基础,以企业法人制度为主体,以有限责任制度为核心,以产权清晰、权责明确、管理科学为条件的新型企业制度。

现代企业制度大体可包括以下内容:

(1) 企业资产具有明确的实物边界和价值边界,具有确定的政府机构代表国家行使所有者职能,切实承担相应的出资者责任。

(2) 企业通常实行公司制度,即有限公司和股份有限公司制度,按照《中华人民共和国公司法》的要求,形成由股东代表大会、董事会、监事会和高级经理人员组成的相互依赖又相互制衡的公司治理结构,并有效运转。

(3) 企业以生产经营为主要职能,有明确的盈利目标,各级管理人员和一般职工按经营业绩和劳动贡献获取收益,住房分配、养老、医疗及其他福利事业由市场、社会或政府机构承担。

(4) 企业具有合理的组织结构,在生产、供销、财务、研究开发、质量控制、劳动人事等方面形成行之有效的企业内部管理制度和机制。

(5) 企业有着刚性的预算约束和合理的财务结构,可以通过收购、兼并、联合等方式谋求企业的扩展,经营不善难以为继时,可通过破产、被兼并等方式寻求资产和其他生产要素的再配置。

十四届三中全会把现代企业制度的基本特征概括为"产权清晰、权责明确、政企分开、管理科学"十六个字。

"产权清晰"主要有两层含义:①有具体的部门和机构代表国家对某些国有资产行使占有、使用、处置和收益等权利;②国有资产的边界要"清晰",也就是通常所说的"摸清家底"。首先要搞清实物形态国有资产的边界,如机器设备、厂房等；其次要搞清国有资产的价值和权利边界，包括实物资产和金融资产的价值量，国有资产的权利形态（股权或债权，占有、使用、处置和收益权的分布等），总资产减去债务后净资产数量等。

"权责明确"是指合理区分和确定企业所有者、经营者和劳动者各自的权利和责任。所有者、经营者、劳动者在企业中的地位和作用是不同的，因此他们的权利和责任也是不同的。

（1）权利：所有者按其出资额，享有资产受益、重大决策和选择管理者的权利，企业破产时则对企业债务承担相应的有限责任。企业在其存续期间，对由各个投资者投资形成的企业法人财产拥有占有、使用、处置和收益的权利，并以企业全部法人财产对其债务承担责任。经营者受所有者的委托在一定时期和范围内拥有经营企业资产及其他生产要素并获取相应收益的权利。劳动者按照与企业的合约拥有就业和获取相应收益的权利。

（2）责任：与上述权利相对应的是责任。严格意义上说，责任也包含了通常所说的承担风险的内容。要做到"权责明确"，除了明确界定所有者、经营者、劳动者及其他企业利益相关者各自的权利和责任外，还必须使权利和责任相对应或相平衡。此外，在所有者、经营者、劳动者及其他利益相关者之间，应当建立起相互依赖又相互制衡的机制，这是因为他们之间是不同的利益主体，既有共同利益的一面，也有不同乃至冲突的一面。相互制衡就要求明确彼此的权利、责任和义务，要求相互监督。

"政企分开"的基本含义是政府行政管理职能、宏观和行业管理职能与企业经营职能分开。

（1）政企分开要求政府将原来与政府职能合一的企业经营职能分开后还给企业，改革以来进行的"放权让利"、"扩大企业自主权"等就是为了解决这个问题。

（2）政企分开还要求企业将原来承担的社会职能分离后交还给政府和社会，如住房、医疗、养老、社区服务等。应注意的是，政府作为国有资本所有者对其拥有股份的企业行使所有者职能是理所当然的，不能因为强调"政企分开"而改变这一点。当然，问题的关键还在于政府如何才能正确地行使而不是滥用其拥有的所有权。

"管理科学"是一个含义宽泛的概念。从较宽的意义上说，它包括了企业组织合理化的含义；从较窄的意义上说，"管理科学"要求企业管理的各个方面，如质量管理、生产管理、供应管理、销售管理、研究开发管理、人事管理等方面的科学化。管理致力于调动人的积极性、创造性，其核心是激励、约束机制。要使"管理科学"，当然要学习、创造，引入先进的管理方式，包括国际上先进的管理方式。对于管理是否科学，虽然可以从企业所采取的具体管理方式的"先进性"上来判断，但最终还要从管理的经济效率上,即管理成本和管理收益的比较上做出评判。

现代企业制度的意义:

(1) 建立现代企业制度,实行公司制,是国有企业特别是国有大中型企业改革的方向。有限公司在现代企业中最具有典型性和代表性,是现代企业制度的主要组织形式。

(2) 建立现代企业制度,实行公司制,对于解放和发展生产力,搞好搞活大中型企业具有重大意义:①有利于实现政企职责分开;②有利于规范企业经营者的行为;③有利于国有资产的保值增值;④有利于发挥国有经济的主导作用;⑤有利于同国际惯例接轨。

7.3 企 业 文 化

7.3.1 企业文化的认识

企业文化或称公司文化,一般指企业中长期形成的共同理想、基本价值观、作风、生活习惯和行为规范的总称,是企业在经营管理过程中创造的具有本企业特色的精神财富的总和,对企业成员有感召力和凝聚力,能把众多人的兴趣、目的、需要以及由此产生的行为统一起来,是企业长期文化建设的反映,包含价值观、最高目标、行为准则、管理制度、道德风尚等内容。它以全体员工为工作对象,通过宣传、教育、培训和文化娱乐、交心联谊等方式,以最大限度地统一员工意志、规范员工行为、凝聚员工力量为企业总目标服务。

企业文化是企业的灵魂,是推动企业发展的不竭动力。它包含着非常丰富的内容,其核心是企业的精神和价值观。这里的价值观不是泛指企业管理中的各种文化现象,而是企业或企业中的员工在从事商品生产与经营中所持有的价值观念。

企业文化由三个层次构成:

(1) 表面层的物质文化,称为企业的"硬文化",包括厂容、厂貌、机械设备,产品造型、外观、质量等。

(2) 中间层次的制度文化,包括领导体制、人际关系以及各项规章制度和纪律等。

(3) 核心层的精神文化,称为企业"软文化",包括各种行为规范、价值观念、企业的群体意识、职工素质和优良传统等,是企业文化的核心,被称为企业精神。

7.3.2 企业文化的内容

企业文化的主要内容包括以下几方面。

经营哲学：也称企业哲学，源于社会人文经济心理学的创新运用，是一个企业特有的从事生产经营和管理活动的方法论原则。它是指导企业行为的基础。一个企业在激烈的市场竞争环境中面临着各种矛盾和多种选择，要求企业有一个科学的方法论来指导，有一套逻辑思维的程序来决定自己的行为，这就是经营哲学。例如，日本松下公司"讲求经济效益，重视生存的意志，事事谋求生存和发展"，这就是它的战略决策哲学。

价值观念：是人们基于某种功利性或道义性的追求而对人们（个人、组织）本身的存在、行为和行为结果进行评价的基本观点。可以说，人生就是为了价值的追求，价值观念决定着人生追求行为。价值观不是人们在一时一事上的体现，而是在长期实践活动中形成的关于价值的观念体系。企业的价值观是指企业职工对企业存在的意义、经营目的、经营宗旨的价值评价和为之追求的整体化、个异化的群体意识，是企业全体职工共同的价值准则。只有在共同的价值准则基础上才能产生企业正确的价值目标。有了正确的价值目标才会有奋力追求价值目标的行为，企业才有希望。因此，企业价值观决定着职工行为的取向，关系着企业的生死存亡。只顾企业自身经济效益的价值观，就会偏离社会主义方向，不仅会损害国家和人民的利益，还会影响企业形象；只顾眼前利益的价值观，就会急功近利，搞短期行为，使企业失去后劲，导致灭亡。

企业精神：是指企业基于自身特定的性质、任务、宗旨、时代要求和发展方向，并经过精心培养而形成的企业成员群体的精神风貌。企业精神要通过企业全体职工有意识的实践活动体现出来。因此，它又是企业职工观念意识和进取心理的外化。企业精神是企业文化的核心，在整个企业文化中起着支配的地位。企业精神以价值观念为基础，以价值目标为动力，对企业经营哲学、管理制度、道德风尚、团体意识和企业形象起着决定性的作用。可以说，企业精神是企业的灵魂。

企业精神通常用一些富于哲理、简洁明快的语言予以表达，便于职工铭记在心，用于时刻激励自己，也便于对外宣传，容易在人们脑海里形成印象，从而在社会上形成个性鲜明的企业形象。例如，王府井百货的"一团火"精神，就是用大楼人的光和热去照亮、温暖每一颗心，其实质就是奉献服务；西单商场的"求实、奋进"精神，体现了以求实为核心的价值观念和真诚守信、开拓奋进的经营作风。

企业道德：是指调整该企业与其他企业之间、企业与顾客之间、企业内部职工之间关系的行为规范的总和。它是从伦理关系的角度，以善与恶、公与私、荣与辱、诚实与虚伪等道德范畴为标准来评价和规范企业。

企业道德与法律规范和制度规范不同，不具有那样的强制性和约束力，但具有积极的示范效应和强烈的感染力，当被人们认可和接受后具有自我约束的力量。因此，它具有更广泛的适应性，是约束企业和职工行为的重要手段。中国老字号同仁堂药店之所以三百多年长盛不衰，是因为它把中华民族优秀的传统美德融于企业的生产经营过程之中，形成了具有行业特色的企业，即"济世养身、精益求精、童叟无欺、一视同仁"。

团体意识：团体即组织，团体意识是指组织成员的集体观念。团体意识是企业内部凝聚力形成的重要心理因素。企业团体意识的形成使企业的每个职工把自己的工作和行为都看成实现企业目标的一个组成部分，使他们对自己作为企业的成员而感到自豪，对企业的成就产生荣誉感，从而把企业看成自己利益的共同体和归属。因此，他们就会为实现企业的目标而努力奋斗，自觉地克服与实现企业目标不一致的行为。

企业形象：是企业通过外部特征和经营实力表现出来的，被消费者和公众所认同的企业总体印象。由外部特征表现出来的企业形象称为表层形象，如招牌、门面、徽标、广告、商标、服饰、营业环境等，这些都给人以直观的感觉，容易形成印象；通过经营实力表现出来的形象称为深层形象，它是企业内部要素的集中体现，如人员素质、生产经营能力、管理水平、资本实力、产品质量等。表层形象是以深层形象为基础，没有深层形象这个基础，表层形象就是虚假的，也不能长久地保持。流通企业由于主要是经营商品和提供服务，与顾客接触较多，所以表层形象显得格外重要，但这绝不是说深层形象可以放在次要的位置。北京西单商场以"诚实待人、诚心感人、诚信送人、诚恳让人"来树立全心全意为顾客服务的企业形象，而这种服务是建立在优美的购物环境、可靠的商品质量、实实在在的价格基础上的，即以强大的物质基础和经营实力作为优质服务的保证，达到表层形象和深层形象的结合，赢得了广大顾客的信任。

企业形象还包括企业形象的视觉识别系统，如 VIS 系统，是企业对外宣传的视觉标识，是社会对这个企业的视觉认知的导入渠道之一，也是该企业进入现代化管理的标志内容。

企业制度：是在生产经营实践活动中所形成的，对人的行为带有强制性，并能保障一定权利的各种规定。从企业文化的层次结构看，企业制度属中间层次，它是精神文化的表现形式，是物质文化实现的保证。企业制度作为职工行为规范的模式，使个人的活动得以合理进行，内外人际关系得以协调，员工的共同利益受到保护，从而使企业有序地组织起来为实现企业目标而努力。

企业文化结构：是指企业文化系统内各要素之间的时空顺序、主次地位与结合方式，企业文化结构就是企业文化的构成、形式、层次、内容、类型等的比例关系和位置关系。它表明各个要素如何链接形成企业文化的整体模式，即企业物质文化、企业行为文化、企业制度文化、企业精神文化形态。

企业使命：是指企业在社会经济发展中应担当的角色和责任，是指企业的根本性质和存在的理由，说明企业的经营领域、经营思想，为企业目标的确立与战略的制定提供依据。企业使命要说明企业在全社会经济领域中所经营的活动范围和层次，具体地表述企业在社会经济活动中的身份或角色。它包括企业的经营哲学、企业宗旨和企业形象。

7.4 工 业 企 业

工业企业是指依法成立的，从事工业商品生产经营活动，经济上实行独立核算、自负盈亏，法律上具有法人资格的经济组织。

1. 工业企业的分类

工业企业按生产过程分为原料工业企业、加工工业企业、装配工业企业；按行业和产品可分为重工业企业（采掘工业、原材料工业、加工工业）和轻工业企业（以农产品为原料和以工业品为原料）；按工业企业的生产规模分为大型工业企业、中型工业企业和小型工业企业；按企业的生产资料所有制分为全民所有制工业企业、集体所有制工业企业、私营企业、外商投资企业（中外合资经营企业、中外合作经营企业、外商独资企业）。

2. 工业企业的特征

（1）工业企业是一种经济组织。这一特征表现了它的经济性和组织性。经济性是指它是经济领域内的一种组织，是国民经济体系中的基层组织和经济细胞，所从事的是生产经营性的经济活动，追求的是经济效益。组织性是指它是依法定程序组成的统一体，是经济上的统一体、技术上的统一体、对外关系上的统一体。

必须明确认识它是一种经济组织。它不是政治组织、军事组织、文化组织，也不是行政组织。这一点是进行工业企业立法，确立工业企业地位和任务的基本点。但也正是在这一问题上，我们有过严重的偏差和失误。在过去，我们事实上是把工业企业当作行政组织对待的，而且是作为行政附庸组织对待的，工业企业只是行政的附属物，没有自己独立的地位和利益。

（2）工业企业是从事工业商品生产经营活动的经济组织。这一特征表现了它的产品的商品性和工业性。商品性是指现代工业企业都是从事商品生产经营活动的。它们所生产的产品（或所提供的劳务）都是以商品形式出现的，都需要投入市场，将个别劳动转化为社会必要劳动，取得社会承认，才能实现自己的价值和使用价值。因此，现代工业企业都是一定的商品生产者、经营者。工业性是指它所生产经营的产品或劳务都具有工业性质，是工业品或工业劳务。工业企业的这些特征、属性也为工业企业设立的宗旨和基本任务确立了基础。

（3）工业企业是实行独立核算、自负盈亏的经济组织。这一特征表明了它在经济上的自主性和盈利性。独立性是指工业企业在经济上是独立的,有自己可支配的财产,有自己独立的利益,实行独立核算、自负盈亏。这些也正是经济体制改革的关键问题和基本目标。这一特性使它与事业单位和内部组织等区别开来。

盈利性是指工业企业在自己的生产经营经济活动中,应不断地创造价值、获取利润、增加积累。工业企业从其成立的宗旨和本质看,不仅要在使用价值上满足社会需要,而且要实现价值的增值,要创造利润。社会主义工业企业也是要讲究经济效益的。

(4)工业企业是能够享受经济权利、承担经济义务的法人。这一特征表明了它在法律上的独立性和法人性。法律上的独立性是指它是法律上的主体,能够独立地享受经济权利、承担经济义务。法人性是指它依法取得企业法人资格,受到国家的承认和保护。

7.5 生产过程

1. 生产过程的含义

生产过程是工业企业资金循环的第二阶段。在生产过程中,工人借助于劳动资料对劳动对象进行加工,制成劳动产品。因此,生产过程既是产品制造过程,又是物化劳动(劳动资料和劳动对象)和活劳动的消耗过程。机械产品的生产过程是指从原材料(或半成品)开始直到制造成为产品之间的各个相互联系的全部劳动过程的总和。

工业企业作为一个系统,它的基本活动是供、产、销;系统的主要功能是生产合格的工业产品,创造产品的使用价值和增加价值,并作为商品出售满足社会需求。生产管理的对象是生产过程。生产过程是指围绕完成产品生产的一系列有组织的生产活动的运行过程。因此,生产管理就是对生产过程进行计划、组织、指挥、协调、控制和考核等一系列管理活动的总称。

生产过程不但是物质资料的生产过程,而且是生产关系的生产和再生产过程,或称社会生产总过程,包括生产、交换、分配、消费四个环节。生产环节就是直接生产物质资料的过程。在再生产过程中,生产处于首要地位,是决定性的环节。一定的生产决定一定的交换、分配和消费。这是因为交换、分配、消费这三个环节的物质内容都是产品,必须从直接生产过程中生产出来。同时,交换、分配和消费的性质也是由人们在直接生产过程中所形成的相互关系决定的。但反过来,交换、分配、消费对于生产也发生重大的反作用。

2. 生产过程的结构

按照生产过程组织的构成要素,可以将生产过程分为物流过程、信息流过程和资金流过程。

（1）物流过程：采购过程、加工过程或服务过程、运输（搬运）过程、仓储过程等一系列过程既是物料的转换过程和增值过程，也是一个物流过程。

（2）信息流过程：生产过程中的信息流是指在生产活动中，将其有关的原始记录和数据，按照需要加以收集、处理并使其朝一定方向流动的数据集合。

（3）资金流过程：生产过程的资金流是以在制品和各种原材料、辅助材料、动力、燃料设备等实物形势出现的，分为固定资金与流动资金。资金的加速流转和节约是提高生产过程经济效益的重要途径。

3. 生产过程的组成

（1）生产技术准备过程：指产品在投入生产前所进行的各种生产技术准备工作，如产品设计、工艺设计、工艺装备的设计和制造、标准化工作、定额工作、调整劳动组织和设备布置、原材料和协作件的准备等。

（2）基本生产过程：指对构成产品实体的劳动对象直接进行工艺加工的过程，如陶瓷企业中的配料、混料、成型、干燥、烧结等过程，玻璃制造企业中的配料、熔制、均化、成型等过程。

基本生产过程是企业的主要生产活动。产品生产过程由一系列生产环节组成，一般包含加工制造过程、检验过程、运输过程和停歇过程等。有一些产品生产过程中还包含自然过程。

（3）辅助生产过程：指为保证基本生产过程的正常进行而从事的各种辅助性生产活动的过程，如为基本生产提供动力、工具和维修工作等。

（4）生产服务过程：指保证生产活动顺利进行而提供的各种服务性工作，如供应工作、运输工作、技术检验工作等。

基本生产过程和辅助生产过程都是由若干相互联系的工艺阶段组成。工艺阶段是按照使用的生产手段的不同和加工性的差别而划分的局部生产过程。每个工艺阶段又是由若干工序组成，工序是指一个工人或一组工人在同一工作上对同一劳动对象进行加工的生产环节。它是组成生产过程的最小单元，是企业生产技术工作、生产管理和组织工作的基础。按照工序的性质可以把工序分为基本工序和辅助工序两类。凡直接使劳动对象发生物理或化学变化的属于基本工序，也称工艺工序。凡为基本工序的生产活动创造条件的称为辅助工序。

4. 生产型企业生产过程的基本要求

1）生产过程的连续性

生产过程的连续性是指产品在生产过程各阶段、各工序之间的流动，在时间上它是紧密衔接、连续不断的。也就是说，产品在生产过程中始终处于运动状态，不是在进行加工、装配、检验,就是处于运输或自然过程中,没有或很少有不必要的停顿和等待时间。

保持和提高生产过程的连续性可以缩短产品的生产周期,减少在制品的数量,加速流动资金的周转;可以更好地利用物资、设备和生产面积,减少产品在停放等待时可能发生的损失;有利于改善产品的质量。生产过程的连续性同工厂布置和生产技术水平有关。

2)生产过程的比例性

生产过程的比例性是指生产过程的各个阶段、各道工序之间在生产能力上要保持必要的比例关系。它要求生产环节之间,在劳动力、生产效率、设备等方面,相互协调发展,避免脱节现象。

生产过程的比例性是保证生产顺利进行的前提,有利于充分利用企业的设备、生产面积、人力和资金,减少产品在生产过程中的停顿和等待时间,缩短生产周期。

为了保持生产过程的比例性,在工厂设计或生产系统设计时,就要正确规定生产过程的各个环节、各种机器设备、各工种工人在数量和生产能力方面的比例关系。在日常的生产管理中,要加强计划管理,做好生产能力的综合平衡工作,采取有效措施,克服薄弱环节,保持各生产环节之间应有的比例性。

3)生产过程的节奏性

生产过程的节奏性是指在生产过程的各个阶段,从投料到成品入库,都能保持有节奏均衡地进行。它要求在相同的时间间隔内生产大致相同数量或递增数量的产品,避免前松后紧的现象。

生产过程的节奏性应当体现在投入、生产和产出三个方面,其中产出的节奏性是投入和生产节奏性的最终结果。只有投入和生产都保持了节奏性的要求,实现产出节奏性才有可能,同时,生产的节奏性又取决于投入的节奏性。因此,实现生产过程的节奏性必须把三个方面统一安排。此外,对任何一个车间、工段和工作地的工作也都要保证有节奏地进行。因此,保持各个生产环节的投入、生产和产出的节奏性,对实现整个企业的生产过程的节奏性是十分重要的。

实现生产过程的节奏性,有利于劳动资源的合理利用,减少工时的浪费和损失;有利于设备的正常运转和维护保养,避免因超负荷使用而产生难以修复的损坏;有利于产量和质量的提高和防止不良品的大量产生;有利于减少在制品的大量积压;有利于安全生产,避免人身事故的发生。

4)生产过程的柔性

生产过程的柔性是指生产过程的组织形式要灵活,能及时适应市场的变化,满足市场发生的新的需求。由于国内外市场的激烈竞争、技术的进步和人民生活水平的提高,用户对产品的需要越来越多样化,这就给企业的生产过程组织带来了新的问题,即如何朝着多品种、小批量、能够灵活转向、应急应变性强的方向发展。

5. 生产过程的内容

合理组织生产过程有两方面内容:采用合理的组织形式和建立完善的运行机制。

生产过程的空间组织:是指企业内部各生产阶段和生产单位的组织和空间布局。为了使生产过程满足连续性、协调性和节奏性的要求,必须在空间上把生产过程的各个环节合理地组织起来,使它们密切配合,协调一致,这是合理组织生产过程的重要内容。

企业的生产组织系统根据企业规模的大小一般可以分为若干层次。

(1) 大型企业:工厂—分厂—车间—工段—班组—工作地。

(2) 中小型企业:工厂—车间—班组—工作地。

生产过程组织的主要问题是以专业化分工的原则把这些工作地组织起来,使产品生产过程能有效地运行。通常有两种专业化分工的原则,即生产工艺专业化原则和产品对象专业化原则。

(1) 生产工艺专业化原则:按照不同的生产工艺特征来分别建立不同的生产单位。

(2) 产品对象专业化原则:按不同的加工对象(产品、零件)分别建立不同的生产单位。

生产过程的时间组织:指产品在生产过程各工序之间的移动方式。工业产品的生产过程必须经历一定的时间,所经历的时间越短,越有利于企业提高经济效益。因此,对产品生产过程的各个环节,在时间上必须合理地组织和安排,以保证各环节在时间上的协调一致,实现连续性和有节奏的生产,提高劳动生产率,缩短生产周期,减少资金占用。

产品在工序间存在三种移动方式:顺序移动方式、平行移动方式和平行顺序移动方式。

(1) 顺序移动方式:一批制品在一道工序全部加工完毕后,整批送到下一道工序进行加工。

优点:制品连续加工,设备不停机,零件整批转工序,便于组织。

缺点:制品等待时间长,生产周期加长。

(2) 平行移动方式:一批制品在一道工序加工完一个制品后,立即将这个制品送到下一道工序进行加工。

优点:整批制品的生产周期最短。

缺点:各道工序加工时间不相等时,会出现停工现象。

（3）平行顺序移动方式：这种方式指每批制品在一道工序上连续加工没有停顿，制品在各道工序的加工尽量做到平行。所以，制品在工序之间移动是平行和顺序相结合。

第 8 章　安全生产教育

安全是人类最重要和最基本的需求。安全生产既是人们生命健康的保证，也是企业生存与发展的基础，更是社会稳定和经济发展的前提和条件。随着社会的发展，新材料、新技术、新工艺、新设备大量使用，安全生产工作遇到前所未有的问题和挑战，给社会、企业和家庭带来了巨大的灾难和无法挽回的损失。万一发生意外伤害事故，痛心的是亲人，尴尬的是企业，永远追不回的是生命与健康。

安全是什么，安全是企业的生命线，是家庭的幸福，是工作的快乐，是单位的效益，是平安，是幸福，更是一种珍爱生命的人生态度。安全上班、安全回家会让亲人少一份牵挂，父母多一份安慰，家庭多一份快乐！

8.1　安全生产的含义

安全生产是指在劳动生产过程中，努力改善劳动条件，克服不安全因素和不卫生条件，使劳动生产在保证劳动者的安全和健康、国家财产免受损失的前提下进行。它既包括对劳动者的保护，也包括对生产、财物、环境的保护，使生产活动正常进行。安全生产是安全与生产的统一，安全促进生产，生产必须安全。搞好安全工作，改善劳动条件，可以调动职工的生产积极性；减少职工伤亡，可以减少劳动力的损失；减少财产损失，可以增加企业效益，无疑会促进生产的发展。生产必须安全，则是因为安全是生产的前提条件，没有安全就无法生产。

8.2　安全生产的重要意义

企业安全生产关系人民群众的生命财产安全，关系改革发展的稳定大局。高度重视和切实抓好安全生产工作，具有重要的社会意义。

安全生产是企业最大的效益，安全生产工作的任何疏漏可能影响公司正常的生产和工作秩序，影响企业的声誉并带来巨大的经济损失，给员工造成生理和心理上的巨大痛苦，甚至影响国计民生与社会安定，危及"可持续发展"基本国策。

由此可见：①安全生产是国家发展的需要，保障劳动者生产安全是《中华人民共和国安全生产法》及《中华人民共和国劳动法》的基本要求。②安全生产是企业生存发展的需要，生产劳动中必然存在各种不安全、不卫生因素，如果防护不当，就可能引发人身伤亡事故或职业病，造成人身伤害、影响企业生产的运行。

因此，安全生产是现代企业发展的客观要求。③安全生产是员工安全与健康的保障，在生产中保护员工的安全与健康是企业管理的基本原则，员工认真学习企业生产安全法规和知识，遵守企业生产安全规程，是保护自身生产安全、维护自身劳动权利的基本途径。

8.3 安全生产教育的意义和要求

安全生产教育培训工作是安全生产管理工作中一项十分重要的内容，它是提高全体劳动者安全生产素质的一项重要手段。安全生产教育是使人人关心安全，树立良好的安全意识，在各行各业形成良好的安全生产环境，在各行业形成良好的安全文化氛围。安全生产教育总体要求：不伤害自己、不伤害他人、不被伤害。

安全生产教育培训工作需贯彻"安全第一、预防为主、综合治理"安全生产方针，实现安全生产、文明生产。安全生产教育培训的意义：①是提高员工安全意识和安全素质，防止产生不安全行为，减少人为失误的重要途径。②防范事故，减轻职业危害，保护员工的身心健康，普及安全技术知识，增强安全操作技能，规范（员工的）安全行为，强化安全意识，是人民群众生命财产安全的重要保证。③是落实科学发展观，实现科学、持续、有效、又好又快、协调发展的必然要求和重要保证。④是企业履行经济、政治和社会责任，增强市场竞争力的重要基础。

8.4 我国企业安全生产形势

近十年来，我国的企业安全事故死亡人数统计如图 8-1 所示，2002 年全国安全事故死亡人数达到顶峰，然后逐年走好，到 2008 年，全国安全事故死亡人数下

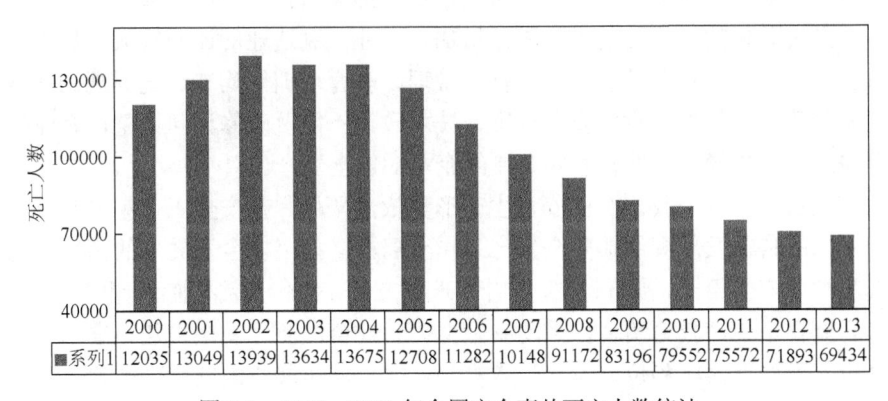

年份	2000	2001	2002	2003	2004	2005	2006	2007	2008	2009	2010	2011	2012	2013
系列1	12035	13049	13939	13634	13675	12708	11282	10148	91172	83196	79552	75572	71893	69434

图 8-1　2000～2013 年全国安全事故死亡人数统计

降到 10 万人以下，近几年总体稳定，进一步趋向转好，2013 年全国安全事故死亡人数已下降到 7 万人以下。我国目前仍处于工业化、城镇化快速发展的阶段，近年来虽然安全生产事故数量和死亡人数持续下降，但是特大事故频发的事实凸显出安全生产形势依然十分严峻。中共中央总书记、国家主席、中央军委主席习近平就建设平安中国作出重要指示，强调：平安是人民幸福安康的基本要求，是改革发展的基本前提，要把平安中国建设置于中国特色社会主义事业发展全局中来谋划。

我国生产安全形势严峻，既有浅层次因素，也有深层次矛盾，有历史的积淀，也有新形势下出现的新问题。可大致归纳为以下三方面原因：

（1）"严格不起来，落实不下去"的问题仍然突出。国务院和地方政府在安全生产工作上的一系列政策措施，不少仍然停留在口头上、文件中和会议上，"安全第一、预防为主、综合治理"方针没有真正贯彻落实或打了折扣。

为什么安全政策法规的具体落实会打折扣，主要原因包括：①一些地方和企业负责人受利益的驱动认为效益风险大于安全风险，因此他们在效益至上的中心思想下，在安全上降低标准、减少投入，甚至认为受到一些处罚也是值得的；②监管不到位，我国安全监管体制不完善，存在政出多门、职能交叉、安监力量不足、技术装备落后、执法素质和能力低下等问题，导致监管效率较低，安全监督"搞形式、走过场"，一些领导干部和工作人员失职渎职甚至徇私舞弊，充当非法违法的保护伞，社会反映强烈。

（2）基础薄弱制约安全生产。由于长期投入不足，欠账较多，企业安全生产工艺落后、设施设备落后陈旧甚至超期服役，安全科技整体水平不高，安全技术标准和规范滞后。近年来，一些工业园区和大型企业相继立项和投入建设，前期安全评价和安全规划审查工作不到位、缺乏标准规范和科技支撑、从业人员安全素质不能适应需要等原因都成为巨大的安全隐患。

（3）宏观因素对安全生产具有深刻、长远影响。在传统的粗放型经济增长方式下，经济总量的扩大可能导致事故增加，工业、制造业的比例较大，加大了事故风险。一些行业企业的研发、运行、管理、教育培训等均缺乏统筹规划和强有力的监督管理。另外，行业安全标准、技术政策不能及时修订和调整，企业安全管理缺乏有效指导，这些都影响和制约企业的安全生产。

综上所述，当今我国企业安全生产形势依然严峻，在安全工作中只有以"以人为本"的科学发展观统揽安全生产工作全局，坚持"安全发展"的指导原则，认真贯彻"安全第一、预防为主、综合治理"方针，实施"标本兼治、重在治本"，大力开展安全生产教育培训，推动安全文化、安全法制、安全责任、安全科技、安全投入等要素落实到位，建立长效机制，才可能实现我国安全生产状况的明显好转。

8.5 材料企业安全生产事故典型案例

本节以六起事故案例分析材料类企业典型的生产安全事故。

【案例一】金属制品企业的粉尘爆炸事故案例及分析

2014年8月2日，江苏昆山中荣金属制品有限公司汽车轮毂抛光车间发生爆炸，当天造成75人死亡，185人受伤。依照《生产安全事故报告和调查处理条例》规定的事故后30日报告期内，共计97人死亡，163人受伤，直接经济损失3.51亿元，被定性为特别重大事故。事故当天7时10分，除尘风机开启，员工开始作业。7时34分，1号除尘器发生爆炸，爆炸冲击波沿除尘管道向车间传播，扬起的除尘系统内和车间集聚的铝粉尘发生系列爆炸。

事故原因：该事故为粉尘爆炸事故。直接原因为事故车间除尘系统长时间未按规定清理，除尘系统风机开启后，打磨过程产生的高温颗粒在集尘桶上方形成粉尘云。1号除尘器集尘桶锈蚀破损，桶内铝粉受潮，发生氧化放热反应，达到粉尘云的引燃温度，引发除尘系统及车间的系列爆炸。另外，由于没有泄爆装置，爆炸产生的高温气体和燃烧物瞬间经除尘管道从各吸尘口喷出，导致群死群伤特大爆炸事故。在上述事故中，首先，中荣公司厂房设计与生产工艺布局违法违规，导致泄爆面积不足、疏散通道不畅；其次，除尘系统设计、制造、安装、改造违规，除尘器本体及管道未设置除静电接地装置，车间未设置泄爆装置，集尘器未设置防水防潮设施，集尘桶破损后未及时修复等；再次，车间铝粉尘集聚严重，企业未按规定及时清理粉尘，造成残留粉尘多，加大了爆炸威力；另外，企业安全防护措施不到位，车间电气设施设备不符合规范，防爆、防静电、防尘措施不力，工人也未按规定配备防静电工装等劳动保护用品；最后，企业安全生产管理混乱，规章制度不完善，现有规章制度也未落实，企业缺乏对铝粉尘爆炸危险的预防性措施，未开展粉尘爆炸专项教育培训和新员工三级安全培训，造成员工对爆炸危险没有认识。可见，该事故由于一系列违法违规行为，整个环境具备了粉尘爆炸的五要素：可燃粉尘、粉尘云、引火源、阻燃物、有限空间。

【案例二】水泥企业粉尘爆炸事故案例及分析

2010年1月24日，安徽瀛浦金龙水泥有限公司六名检修工人在检修煤磨袋式除尘器时，意外发生爆炸，其中有4人在爆炸产生的冲击波中摔落地上造成死亡，另两人安全无伤。

事故原因：煤粉为水泥生产熟料的主要燃料，煤磨袋式除尘器为煤粉制备系统中的收尘设备。由于煤粉易燃易爆，煤粉制备系统中的所有设备都存在燃爆的危险。相关部门调查后认为，该企业事故是企业安全防范措施不到位，违章指挥、违章操作造成的较大安全生产责任事故。具体分析可能是进入煤磨除尘器中气体含氧量超过了 12%，检修工人未引起足够重视，在进行设备检修时，由于工艺操作不当，摩擦产生了静电，电荷积累到一定数量就形成火源，引燃了颗粒细小的煤粉，产生意外爆炸，造成安全事故。

【案例三】陶瓷企业的爆炸故案例及分析

2010 年 8 月 12 日下午，山东省淄博市某陶瓷厂发生煤气炉爆炸，当场死亡 3 人，重伤 12 人，为特大安全事故。工业上广泛使用以煤气为燃料的各种窑炉，如室式炉、连续式加热炉、竖窑、隧道窑、倒焰窑及梭式窑等，使用煤气为燃料的窑炉优点是使用调节方便，运行成本低，对环境污染小，因此煤气炉在化工、玻璃、建材、陶瓷、耐材等领域广泛使用。事故发生当日 11 点，该厂发生突然停电，来电后操作工逐步恢复生产作业，其中一台软化水泵引水装置发生故障，换另一台软化水泵向汽包加水，在加水过程中发生水夹套爆炸事故，随后又造成第二次爆炸。两次爆炸原因：在来电之前，水夹套内部已经严重缺水，水夹套上半部分钢板被灼烧后过热，温度约在 800℃以上；来电进水后，瞬间蒸汽体积膨胀 1200 倍以上，造成水夹套撕裂爆炸。水夹套撕裂爆炸后，大量水、蒸汽涌入炉内，和气化层灼热的煤炭发生反应，生成大量的可燃气体，可燃气体遇到炉内高温（炉内温度高于发生炉煤气燃点 530℃），造成二次爆炸。

事故原因：①操作人员未严格执行操作规程检查水位，来电后，操作工必须先观察汽包水位，才能够加水，并且夹套、汽包应及时排污防止假水位；②在汽包缺水后，操作人员未按操作规程执行生产炉转热备炉操作；③可能未使用合格的软化水，导致汽包、水夹套及管道内壁严重结垢，强度降低且产生堵塞，造成水夹套缺水；④安全生产管理不力，作业现场监管不力。

【案例四】陶瓷企业触电事故案例及分析

2004 年 9 月 20 日上午，温州市某陶瓷公司员工触电事故导致 2 人死亡。该公司釉水球磨车间球磨工王某穿拖鞋在球磨机旁进行作业，由于放在釉水桶里吸釉水的潜水泵漏电，停止运行，王某在检查时触电跌倒。潜水泵停止运行，球磨机里放出的釉水漫出釉水桶，积在王某所躺的低地坪上，喷釉车间喷釉工何某看见后直接跨入釉水中欲抢救王泽云，也触电跌倒。两人经公司其他员工发现后，关掉电源，送医院后抢救无效死亡。

这是一起典型的安全责任事故，事故原因分析：①球磨工王某违反公司规定穿拖鞋作业；②在潜水泵发生故障时，王某未切断电源就直接接触潜水泵（直接原因）；③喷釉工何某穿拖鞋工作，发现王某跌倒，未辨原因盲目施救；④未按照潜水泵产品说明书要求安装潜水泵，没有接地，没有安装漏电保护器，导致潜水泵在不安全条件下运行而漏电（重要原因）；⑤安全生产管理不力，作业现场监管不力（间接原因）。

思考：现代企业生产大量使用电器设备，学生在实习过程中一定要严格遵守公司安全规定和岗位操作流程，避免因用电不当而引起触电伤害事故。

【案例五】玻璃纤维材料企业的机械伤害事故案例及分析

2013年11月24日5时50分，南京三环纤维材料有限公司发生一起机械伤害事故，死亡一人。南京三环纤维材料有限公司进行玻璃纤维隔板生产作业，徐某负责成型设备作业。徐某违规操作，在设备没有断电和停止转动的前提下进行清洗作业，导致手臂被纤维成型网与纤维隔板成型机下方滚轴夹住卷入，卡在纤维成型隔板机下面两根滚轴之间，最终不治身亡。

事故原因：员工违规操作为事故直接原因；间接原因包括：公司安全生产基础差，未开展有效生产安全培训工作，员工缺乏自我保护意识和防范能力；各类安全生产制度和操作规程不健全；员工在设备没有断电和停止转动的前提下进行清洗等习惯性违章无人制止；隐患排查工作不到位，纤维隔板成型机滚轴两端部位未加防护网，人一旦不慎滑入极易被绞造成伤害。

【案例六】陶瓷企业的机械伤害事故案例及分析

2010年12月27日凌晨时分，广东佛山某陶瓷厂的车间里灯火通明，流水线上砖一端的机器发生故障。等了许久未见修好，工人们就都隔着纸皮靠坐在机器边上休息。坐下10多分钟后，坐在机器边上休息的韩某（女）的头发被运转的机器卷了进去，转瞬之间，韩某的头发、头皮被生生拔掉。

事故原因：①工人需连续工作11h，夜间工作相当疲劳；②工人在机械作业一线未按规定戴工作帽子；③工人违反规定，背靠机器休息；④公司监管不力，未及时制止工人在危险地带休息。

思考：无机材料生产企业多个工序涉及大型机械设备，如采用摩擦压砖机进行耐火砖成型、原料输送采用输送带、各种大型破碎设备等。在操作上述机械设备时，如果不遵守操作流程或注意力不集中，就可能导致机械伤害事故。

以上案例都是真实发生的事故，事故案例触目惊心，但也仅是各类生产安全事故的一小部分，它真实地反映了近年来我国安全生产的严峻形势。每一起事故都触目惊心，一瞬间亲人生死离别、阴阳两隔、家庭破碎，无不震撼人心，使人潸然泪下！安全就是要以人为本，就是要把生命看作世间最宝贵的财富。面对生命的呼唤，每一个生产参与者都应"强化安全红线意识，促进安全发展"。

8.6 安全生产事故的主要原因

（1）一线生产人员的安全意识淡薄是安全生产事故的最大隐患。许多一线生产人员自觉执行规章制度的意识、安全与自我保护意识淡薄。一方面，生产人员违规操作等原因造成生产安全事故的发生，即所谓的"人祸"。在人为责任的事故中，有的将执行规定程序和措施视为不必要的约束，或者为了一时方便而抱有侥幸心理冒险行事，明知不符合规章要求仍然进行违章指挥、违规操作；有的是因为疏忽大意、思想松懈、判断错误而酿成事故；有的疲劳上阵，取巧心理、求快图省事，从而丧失警觉；有的主观臆断、盲目操作、违章蛮干等。另一方面，生产人员缺乏生产安全基本知识，对规程制度一知半解造成生产安全事故的发生。由于工作人员文化水平有限，缺乏应有的生产基本知识和安全生产知识，对相关法律法规、规章制度都处于未知和盲目状态，只知其一不知其二，而在生产工作中又恰好出现了其二的问题，于是稀里糊涂地进行操作，不懂装懂。这种处于似懂非懂状态下的行为导致了事故发生。以上行为均属于纪律观念淡薄、安全意识薄弱的具体表现。

（2）企业存在"重生产、轻安全"的思想，安全生产的责任主体意识淡薄。一些企业作为安全生产的责任主体的意识淡薄，表现在一味地追求生产而忽略安全、经济利益至上的思想；企业内部的安全管理体制严重不健全，导致企业安全责任薄弱，最终导致重大安全生产事故的发生。

不少企业的经营理念中仍然是物质财富优先于生命安全。过分强调生产产量和单纯的经济效益，不顾生产的客观规律，一味追逐物质利益而忽视安全，认为花时间、花精力、花资金抓好安全就会影响生产，影响企业的经济效益，结果酿成祸端。此外，安全生产工作与经济社会发展密切相关。从宏观经济形势看，由于采取经济刺激政策，我国经济率先走出低谷，经济形势总体企稳向好。经济快速发展，势必造成市场需求旺盛，交通、能源、材料需求增加，这就必然刺激企业的生产活动。一些企业为了抢占市场份额和追逐超额利润，在不具备安全生产条件的情况下也会抱着侥幸心理盲目扩大生产。一些违法违规企业受利益驱使也会非法生产，导致事故发生。粗放型的经济增长方式和不合理的经济结构也会使企业扩大规模，增加生产的强烈冲动而消解了安全价值。

（3）企业安全管理体制不健全。企业安全管理体制不健全主要体现在安全管理规章制度的制定及履行、企业安全生产责任制两方面。一些生产经营单位安全生产主体意识匮乏，安全法制观念淡薄，安全生产责任制落实不到位。

目前，相当一部分企业内部安全生产体系形同虚设，安全生产机构名存实亡，安全生产工作无从开展。一方面，企业安全管理目标不明确，规章制度职责不清，可操作性差。部分特种作业人员未能持证上岗或不按规定配备。存在内部控制制度不健全、安全监管人员配备少、职责分工不明确、重点岗位无操作规程、安全设施和劳保用品投入不足等突出现象。有些企业虽然有一个健全完整的规章制度，但在实际生产中没有很好地去执行，让制度空转，"有章不循"。例如，生产现场安全管理不严，违章指挥、违规作业、违反劳动纪律的"三违"行为普遍存在；煤矿、工矿企业超能力、超强度、超定员生产和交通运输企业超速、超限、超负荷运转的"三超"现象屡禁不止。企业生产过程管理责任不明，领导一般不直接参与生产过程的管理，生产过程的实际组织者往往因为是非领导而无决策权，决策权和现场处置权事实上分离，不利于生产过程的安全管理。职工安全培训弱化，不经培训上岗、无证上岗的职工比比皆是，特别是一些中小型和民营企业尤为严重。另一方面，企业对国家相关法律法规传达不到位、不及时。一份调查显示，近60%的项目部对行业标准、职业健康的安全法律法规及地方性相关规定收集不全面，且对其要求的适宜性评价欠充分。另外，企业对适用法规传达、培训不及时，导致部分岗位对有关法规要求不了解。

企业是安全生产的主体，对安全生产负有主体责任，但在实际工作中往往存在主体责任不落实的情况。主要表现为：企业不能严格执行国家的安全生产法律法规，安全生产制度措施不落实；企业负责人思想认识存在偏差，片面追求企业经济效益，把生产与安全对立起来，对安全生产的投入不够，安全保障能力不足；对职工的安全生产教育和培训不重视；企业的安全文化建设力度不强，职工的安全生产意识淡薄，安全道德素质缺乏。

（4）安全监管部门对企业安全生产的监管不力。

随着我国经济改革的不断深化及社会主义市场经济体制的快速发展，政府机构改革的相对滞后导致安全生产法规建设跟不上形势发展需要，突显安全监管工作严重不足。负有安全生产监管的部门不能严格履行法律法规赋予的监管职能。一些地方安全生产监管主体责任逐级衰减，即一些地方的政府及相关职能部门安全生产监管职责和公信力有层层弱化的倾向，对安全生产监管责任存在消极被动应付的现象。有的监管部门或人员因受到各方面干扰，不敢履行自己的职责，存在失职现象；有的监管部门受利益驱动与监管对象结成利益共同体，不去监管，严重渎职；有的监管部门因业务素质和技术装备水平低下而监管乏力；有的监管部门官僚作风严重，不知有监管对象，到辖区内发生生产安全事故后才知道自己失职；有的监管部门之间沟通协调、配合不够，甚至发生相互推诿塞责，形成监管真空，更有甚者是官商勾结、以权谋私，充当保护伞。

深入分析我国安全生产形势严峻、事故多发的原因，绝大多数事故属责任事故，主要是由违章指挥、违章作业、疏于管理、监督不力造成的，归根到底是经济社会发展还处在不协调发展状态，整体安全生产法制和"以人为本"的观念不强，全社会安全生产意识薄弱，经济社会发展水平相对较低。

8.7 三级安全教育

三级安全教育是指新入厂员工、实习学生以及生产工人进行的厂级安全教育、车间级安全教育和岗位（工段、班组）安全教育，三级安全教育制度是企业安全教育的基本教育制度。

1. 厂级教育内容

（1）讲解劳动保护的意义、任务、内容和其重要性，使新入厂的职工树立起"安全第一"和"安全生产人人有责"的思想。

（2）介绍企业的安全概况，包括企业安全工作发展史、企业生产特点、工厂设备分布情况（重点介绍接近要害部位、特殊设备的注意事项）、工厂安全生产的组织。

（3）介绍国务院颁发的《全国职工守则》、《中华人民共和国劳动法》、《中华人民共和国劳动合同法》以及企业内设置的各种警告标志和信号装置等。

（4）介绍企业典型事故案例和教训，抢险、救灾、救人常识以及工伤事故报告程序等。

厂级安全教育一般由企业安技部门负责进行，时间为 4～16h。讲解应和看图片、参观劳动保护教育室结合起来，并应发一本浅显易懂的规定手册。

2. 车间教育内容

（1）介绍车间的概况，如车间生产的产品、工艺流程及其特点，车间人员结构、安全生产组织状况及三级安全教育活动情况，车间危险区域、有毒有害工种情况，车间劳动保护方面的规章制度和对劳动保护用品的穿戴要求和注意事项，车间事故多发部位、原因、特殊规定和安全要求，车间常见事故和对典型事故案例的剖析，车间安全生产中的好人好事，车间文明生产方面的具体做法和要求。

（2）根据车间的特点介绍安全技术基础知识，如烧成车间的特点是温度较高、电气设备多、轨道设备多、运输车辆多、生产人员多和生产场地比较拥挤等。机床旋转速度快、力矩大，要教育工人遵守劳动纪律，穿戴好防护用品，小心衣服、发辫被卷进机器，小心手被旋转的刀具擦伤。根据无机材料生产企业各车间特点进行安全技术知识教育，如工作场地应保持整洁，道路畅通；仪器检修时要切断电源，并悬挂警示牌；拆卸、搬运工件特别是大件时，要防止碰伤、压伤、割伤。又如，在烧结车间要注意预防高温，在观火孔作业需佩戴防护眼镜，在耐火材料成型车间要避免压手事故等。

（3）介绍车间防火知识，包括防火的方针，车间易燃易爆品的情况，防火的要害部位及防火的特殊需要，消防用品放置地点，灭火器的性能、使用方法，车间消防组织情况，遇到火险如何处理等。

（4）组织员工或实习学生学习安全生产文件和安全操作规程制度，并应教育学生尊敬师傅，听从指挥，安全生产。车间安全教育由车间主任或安技人员负责，授课时间一般需要 4～8 课时。

3. 岗位教育内容

（1）本岗位的生产特点、作业环境、危险区域、设备状况、消防设施等。重点介绍高温、高压、易燃易爆、有毒有害、腐蚀、高空作业等方面可能导致发生事故的危险因素，交代本岗位容易出事故的部位和典型事故案例的剖析。

（2）讲解本工种的安全操作规程和岗位责任，重点讲思想上应时刻重视安全生产，自觉遵守安全操作规程，不违章作业；爱护和正确使用机器设备和工具；介绍各种安全活动以及作业环境的安全检查和交接班制度。告知新员工或实习生一旦发生事故或发现事故隐患，应及时报告领导，采取措施。

（3）讲解如何正确使用、爱护劳动保护用品，讲解文明生产的要求。进入施工现场和登高作业，必须戴好安全帽、系好安全带，工作场地要整洁，道路要畅通，物件堆放要整齐等。

（4）实行安全操作示范。组织重视安全、技术熟练、富有经验的老员工进行安全操作示范，边示范、边讲解，重点讲安全操作要领，说明怎样操作是危险的，怎样操作是安全的，不遵守操作规程将会造成的严重后果。

总之，三级安全教育内容对于大学生在企业进行生产实习十分重要，并且应根据时代的不同、企业的变化有针对性地适应调整、补充。

三级安全教育是实习生入厂接受的第一次正规的安全教育，因此应以对生命高度负责的责任感，严把关口，扎扎实实地开展好三级安全教育，使他们从第一次进入企业就树立起正确的安全观，积极投入到安全生产中。

8.8 无机材料工业生产安全知识

安全是无机材料工业生产活动的一切保障，安全生产既包括安全生产技术，又包括安全生产管理。要实现安全生产，必须对生产工程中可能的不安全因素进行科学研究，并制定针对性的防护措施和规章制度。大学生进入企业实习后，必须树立安全第一的思想，认真学习安全生产知识、严格遵守安全操作规程，才能保证安全，顺利完成实习任务。

8.8.1 防尘安全知识

粉尘是指以气溶胶状态或以烟雾状态存在的能较长时间飘浮于空气中的固体微粒。生产性粉尘是指在生产活动中产生的能较长时间飘浮于生产环境中的固体微粒，它是污染生产环境、危害劳动者健康的重要的职业危害因素。

无机材料工业生产粉尘来源很多，如各种矿物原料、中间产物及成品。无机材料工业生产的各阶段均可导致粉尘的产生，如粉碎、筛分、研磨、输送、成型、烧成、加工处理等工序。粉尘如果散发出来，浸入人体，将引起不同程度的伤害，最严重时可导致职业中毒和尘肺病。如果粉尘物质为有毒有害物质，形成尘毒，其危害则更加严重。

呼吸道是粉尘侵入机体的主要途径，粉尘可沉积在肺内引起一系列生理反应和病理性反应。粉尘的化学组成是决定粉尘生物学作用的主要因素。生产性粉尘的致病作用主要包括：①致纤维化作用：粉尘致肺纤维化能力的强弱，主要取决于粉尘中游离二氧化硅的含量，其含量越高（含游离二氧化硅在10%以上），其致纤维化作用越强，病变发生快、进展快。尘肺病是长期吸入生产性无机粉尘所致的以肺组织纤维化病变为主的一类全身性疾病，其病理特点是肺组织发生弥漫性、进行性的纤维组织增生，引起呼吸功能严重受损。②致癌作用：引起支气管肺癌和间皮瘤。③引起肺组织的反应，引起支气管炎或支气管哮喘等病变。④刺激作用：吸入的生产性粉尘首先刺激呼吸道黏膜，可引起鼻炎、咽炎、喉炎，也可刺激皮肤和眼角膜等。⑤非特异性炎症反应：长期吸入大量粉尘可损伤呼吸道黏膜，致呼吸道的机械性损伤，继发感染，发展尘源性慢性支气管炎等。

粉尘分散度是指粉尘颗粒的大小组成，粉尘中小的颗粒越多，分散度就越高，在空气中飘浮的时间就越长，被吸入的可能性就越大，致病的作用也就越强。当粉尘直径为5μm以上时，容易被阻于鼻腔、咽部及大气管上，可随痰涕吐出体外，相对危害较小；当粉尘直径为0.5～5μm时，则容易随呼吸气流进入支气管，并阻留于支气管和肺泡上，对人体造成较大危害。我国颁布有工业卫生标准，规定了工业生产场所尘毒物质在空气中的最高允许浓度，以保障职工身体健康。员工在粉尘岗位作业需注意的职业安全卫生操作规程有：

（1）进入岗位操作前，必须佩戴防尘口罩、隔离式防毒面罩、过滤式防毒面罩等岗位所需劳动保护用品。

（2）进入岗位后要认真检查岗位配置的除尘设施，确认设施无异常现象时，开启除尘设施。

（3）除尘设施出现故障时，要及时报告本单位相关领导，安排人员对除尘设施的故障进行维修处理，确保除尘设施的正常运转。

（4）对本岗位生产现场产生的各类粉尘，必须采取有效措施进行清理，杜绝粉尘任意飞扬。

（5）岗位操作人员必须严格按照操作规程的规定进行岗位操作，对未严格按操作规程进行操作的人员，一经发现将严肃处理。

（6）生产现场严禁吸烟、饮水、就餐。吸烟、饮水、就餐必须在无污染源的值班室进行，并认真对面部及手部进行清洗后才可吸烟、饮水、就餐。

（7）下班前将工作服等生产现场所使用的各类劳保用品更换后离开工作岗位，防止将污染源带离工作岗位后传播给其他人员。

(8) 离开岗位后，要保持良好的卫生习惯，要对身体及衣服上黏附的粉尘彻底清理，并及时清洗身体接触粉尘的各个部位，避免粉尘吸入体内。

(9) 保持良好的个人卫生习惯，坚持下班洗澡等措施，做好职业安全卫生工作。

8.8.2 防毒安全知识

毒物是指浸入人体后，能与人体组织器官发生化学或物理作用，破坏人体正常生理机能的物质。在工业生产劳动中，由于毒物进入身体，破坏人体正常生理机能而发生的中毒称为职业中毒。

工业毒物来源广泛，如原辅料、成品、半成品、副产品、废水、废气、废渣等，其形态可能是固体、液体或液体。毒物可经皮肤（如有机溶剂类、水银等）、食道（误饮误食）、呼吸道（如毒气、毒雾、粉尘等）等方式浸入人体。人体的肝脏具有解毒功能，毒物与肝脏发生反应后产生毒性较轻或无毒的新物质，并排泄出体外。毒物也可随消化道排出，经皮肤、皮脂腺和汗腺排出或经尿道排出。

人体中毒分为急性、慢性、亚性中毒。急性中毒往往摄入毒物量多，作用时间快且剧烈；慢性中毒是由于长期受少量毒物影响，人体抵抗力降低而引起的慢性职业病；亚性中毒介于急性和慢性之间，常表现为急性中毒病状，但并不突出发作，且作用时间相对较长。

工业生产中，毒物的中毒程度与毒物在空气中的浓度大小、吸入时间长短、物质的毒性程度、人体健康状况等因素有关。人体中毒的环节有毒源、传播途径、浸入人体、产生作用及中毒。整个中毒过程可视作一个作用链，只要破坏其中任意一环，即可避免中毒。

在防止中毒的作用链中，消除毒源是最根本的措施。生产中，要尽量以无毒、低毒物料或工艺代替有毒、高毒物料，并加强有毒物质的净化回收、消除二次毒源。例如，在油漆工业中，尽量以无苯溶剂代替苯类溶剂，以钛白代替油漆颜料中的铅白。如果由于生产需要，有毒物质的使用不可避免，就必须以通风排毒、净化回收等方式尽可能消除毒源。毒品浸入人体的途径中，以气体通过呼吸道方式浸入中毒最为严重，职业中毒多是由毒气造成的。对有毒气体的净化回收，一般可通过燃烧净化、冷凝净化、吸收净化、吸附净化等方式。而对于有毒废水的净化处理，通常采用吸收净化法，使有毒物质转移到吸收液中，可采用的方法包括化学药剂法、离子交换法、电解法、活性炭吸附法等。生产中，若使用挥发性有毒物质或粉料，则可形成有毒粉尘或蒸汽，从生产设备中逸出，散落在车间、厂区成为二次毒源。对于二次毒源要加强清扫，或以机械收集或化学方法予以消除。

切断生产中毒物的传播途径，也可有效防止中毒。生产中要注意，生产设备的密闭化、管道化、机械化和自动化隔离措施，加强维护，消除毒物跑、冒、滴现象。例如，在生产中通过密闭投料出料、转动轴密封、隔离操作、加强设备维护管理等措施，防止中毒事故。

对于个体来说，要加强个体保护与保健，做好个人综合防毒措施，切断毒物浸入人体途径。要通过学习和实践熟悉各种防毒器材的使用，并了解毒物的性质，予以正确防护。皮肤防护器材包括防护服、面罩、防护手套等；个人呼吸防护用具主要包括送风面盔、过滤式防毒面具或口罩、氧气呼吸器等。此外，要注意卫生保健，讲究个人卫生，加强个人营养，进行定期健康检查，并学会中毒急救。

高效、周全的中毒急救措施能够最大限度地保护中毒者，把损失降到最低。当发生人员中毒时，应立即对现场中毒人员进行救护。在急救过程中，救护者本人要特别做好个人防护，如根据具体毒品选用适当防护面具以防止救护者中毒。应迅速转移中毒者，防止毒品继续浸入作用。如中毒者呼吸困难，应立刻进行人工呼吸，备有急救药品的应立即给予解毒治疗。在急救时，应分清中毒的种类和解毒药的使用范围，以免因药品使用不当反而加重中毒症状。应尽快拨打 120 急救电话，并在条件允许的情况下，迅速送医院急救。应迅速查清毒品种类、性质及地点，采取一切措施切断毒源和传播途径，避免中毒人数继续增加。切断毒源可采用的措施包括全厂停电、生产线局部停车、关闭漏气管道阀门、堵塞泄漏设备、转移有毒钢瓶等。对已经逸散在环境中的毒品应采取抽毒、强风吹散、中和处理、净化回收等办法予以消除。

8.8.3 防火防爆安全知识

火灾和爆炸事故是工业生产中最为常见和后果特别严重的事故类型之一。

火灾和爆炸事故的发生主要特点是：①严重性：火灾和爆炸引起损失和伤亡，往往都比较严重。②复杂性：发生火灾和爆炸事故的原因往往比较复杂，如物体形态、数量、浓度、温度、密度、沸点、着火能量、明火、电火花、化学反应热、物质的分解、自燃、热辐射、高温表面、撞击、摩擦、静电火花等因素。③突发性：火灾、爆炸事故的发生往往是人们意想不到的，特别是爆炸事故，一般很难知道在何时、何地会发生，它往往在人们麻痹大意或发生工作疏漏时发生。

火灾和爆炸事故发生的原因主要有以下五个方面：①人为因素：如操作人员缺乏业务知识，事故发生前思想麻痹、漫不经心、存在侥幸心理、不负责任、违章作业，事故发生时惊慌失措、不冷静处理，导致事故扩大等；②设备因素：设备陈旧、老化，设计、安装不规范，质量差以及安全附件缺损、失效等原因；③物料因素：如使用易燃易爆危险化学物品；④环境因素：如厂房的通风、照明、噪声、消防等环境条件不良；⑤管理因素：管理不善、有章不循或无章可循、违章作业是导致事故的重要原因。

　　燃烧俗称着火。凡物质发生强烈的氧化反应，同时发出光和热的现象称为燃烧。燃烧具有发光、放热、生成新物质三个特征。凡失去控制的燃烧即成为火灾。

　　燃烧的三要素为可燃物、助燃物（氧化剂）和着火源，三者缺一不可。如果在燃烧过程中，用人为的方法和手段消除其中一个条件则燃烧反应就会终止，这就是灭火的基本原理。

　　凡能与空气和氧化剂发生剧烈反应的物质称为可燃物，包括气体、液体和固体；凡能帮助和维持燃烧的物质，称为助燃物，如空气、氧气、氯气、氯酸钾、高锰酸钾等氧化性物质；凡能引起可燃物质燃烧的能源，统称着火源，如明火、火花和电弧、危险温度（80℃以上）、化学反应热以及辐射热、传导热等。

　　燃烧类型可分为闪燃、着火、自燃、爆炸四种。

　　（1）闪燃：液体的蒸气与空气混合遇着火源（明火）而发生一闪即灭的燃烧称为闪燃。可燃液体能发生闪燃的最低温度称为该液体的闪点。可燃液体的闪点越低越容易着火，发生火灾、爆炸的危险性就越大。

　　从消防角度来讲，闪点在防火工作的应用是十分重要的，它是评价液体火灾危险大小的重要依据；闪燃是发生火警的先兆。闪点越低的液体，发生火灾危险性就越大。

　　液体闪点高低与饱和蒸气压及温度有关，对同一可燃液体而言，温度越高，则饱和蒸气压越大，闪点就越低，当温度高于该可燃液体闪点时，如果遇点火源时，随时有被点燃的危险。

　　（2）着火：可燃物质（在有足够助燃物情况下）与火源接触而能引起持续燃烧的现象（火源移开后仍能继续燃烧）称为着火。使可燃物质发生持续燃烧的最低温度称为燃点或着火点。燃点越低的物质，越容易着火。

　　在防火防爆工作中，严格控制可燃物质的温度在闪点、燃点以下是预防发生爆炸、火灾的有效措施。用冷却法灭火，其道理就是将可燃物质的温度降低到燃点以下，使燃烧反应终止而熄灭。

　　（3）自燃：可燃物质在没有外部火花、火焰等火源的作用下，因受热或自身发热积热不散引起的燃烧。

　　自燃因能量（热量）来源不同可分为受热自燃（受外界加热）和本身自燃（自热燃烧，因本身物理化学反应而生热）两种。可燃物质在无明火作用下而自行着火的最低温度称为自燃点。自燃点越低的物质，发生火灾的危险性就越大。一旦可燃物质温度达到自燃点以上，在有足够氧气条件下，即使没有明火作用也会发生燃烧。可燃物质在密闭容器中加热过程中，当温度高于自燃点以上时，一旦泄漏或空气漏入，即使没有明火作用也会发生燃烧。

（4）爆炸：物质由一种状态迅速地转变成另一种状态，并在瞬间以机械功的形式放出大量能量的现象。爆炸可分为物理性爆炸、化学性爆炸和核爆炸三类。

化学性爆炸按爆炸时所发生的化学变化又可分为简单分解爆炸、复杂分解爆炸和爆炸性混合物爆炸三种。工业企业发生爆炸绝大部分是混合物爆炸。

可燃气体、蒸气、薄雾、粉尘或纤维状物质与空气混合后达到一定浓度，遇着火源能发生爆炸，这样的混合物称为爆炸性混合物。爆炸性混合物达到一定的浓度，遇着火源即能发生爆炸，这种能够发生爆炸的浓度范围称为爆炸极限。能够发生爆炸的最低浓度称为该气体、蒸气或粉尘的爆炸下限，能够发生爆炸的最高浓度称为爆炸上限。影响气体混合物爆炸极限的主要因素有混合物的原始温度、压力、着火源、容器尺寸和材质等。

防火防爆基本措施的着眼点应放在限制和消除燃烧爆炸危险物、助燃物、着火源三者的相互作用上，防止燃烧的三个条件（燃烧三要素）同时出现。主要措施有着火源控制与消除、工艺过程的安全控制和限制火灾蔓延措施等几方面。

燃烧必须在可燃物、助燃物、着火源三者同时存在并达到一定的条件后才会发生，因此，一旦发生火警，只要设法破坏上述三要素中任何一个要素，火就可以熄灭。这就是灭火的基本原理。

灭火的基本方法有四种，即隔离法、冷却法、窒息法和化学反应中断法。

（1）隔离法灭火是将火源与火源附近的可燃物隔开，中断可燃物质的供给，使火势不能蔓延。这是一种比较常用的方法，适用于扑救各种固体、液体和气体火灾。

（2）冷却法灭火是用水等灭火剂喷射到燃烧着的物质上，降低燃烧物的温度。当温度降到该物质的燃点以下时，火就会熄灭。

（3）窒息法灭火是用不燃或难燃的物质覆盖、包围燃烧物，阻碍空气与燃烧物质接触，使燃烧因缺少助燃物质而停止。

（4）化学反应中断法又称抑制法，它是将抑制剂掺入燃烧区域中，抑制燃烧连锁反应，使燃烧中断而灭火。用于化学反应中断法的灭火剂有干粉和卤代烷烃等。

在生产作业现场，火灾事故发生后，现场很多设备可能是带电的，可能存在较高的接触电压和跨步电压。另外，一些设备着火还可能是绝缘油在燃烧，如电力变压器、多油开关等，受热后易引起喷油和爆炸事故，使火势扩大。因此，正确切断电源非常关键。

在生产作业现场，一旦发生火灾事故，要观察、判断火势情况，明确自己所处环境的危险程度，以便采取相应的应急措施和方法。

（1）对于可以立即扑灭的轻微着火，距起火点附近的人员应利用附近的灭火器、消火栓等设施器材进行第一时间灭火将火势迅速控制；立刻切断着火区域的非消防电源；及时向企业管理部门汇报，说明事故发生地点时间、人员伤害情况、设备损坏情况、作业现场状况等。

（2）对于明火已经发生并有蔓延扩大可能性，起火点附近人员在保障自身安全的条件下利用附近的灭火器、消火栓等设施器材进行第一时间灭火；迅速检查是否切断起火现场电源、火源和气源，检查是否有易燃和易爆物品；立刻立即摁下火灾报警按钮或拨打119火警电话；如火势较大，暂时扑灭不了，应根据现场情况及时采取冷隔离等措施，防止火势进一步蔓延，待119消防队赶到，配合完成灭火任务；立刻组织现场人员进行危险品及物资的疏散工作；事故情况及时向企业管理部分汇报并寻求支援。

（3）对于爆炸事故或火势已经扩大蔓延，要立即停止一切工作，争分夺秒，设法立即离开危险区。离开时，要观察、判断火势情况，明确自己所处环境的危险程度，以便采取相应的逃生措施和方法。

逃生路线优先选用最简便最安全的通道和疏散措施。例如，楼房着火时，切记不能使用电梯，优先选用更为安全可靠的防烟楼梯，室外疏散楼梯；火场上的烟雾含有许多有毒有害的粒子，因此逃生时要注意隔开浓烟，可用湿毛巾、湿口罩捂住口鼻，无水时可使用干毛巾、干口罩，在穿过烟雾区时，要将口鼻捂严，还要尽量贴近地面行进或爬行；如果出口被烟火封住，冲出险区有危险，可以将身上浇冷水，或者用湿床单、湿棉被等将身体裹住，有条件的可穿上阻燃服，然后快速冲出危险区。

8.8.4 防高温伤害安全知识

在高气温或同时存在高湿度或热辐射的不良气象条件下进行的劳动，通称为高温作业。高温作业类型包括以下几种。

（1）高温强辐射作业：在这类作业环境中，同时存在着两种不同性质的热，即对流热（加热了的空气）和辐射热（热源及二次热源）。对流热只作用于人的体表，但通过血液循环使全身加热；辐射热除作用于人的体表外，还作用于深部组织，因而加热作用更快更强。这类作业的气象特点是气温高、热辐射强度大，而相对湿度较低，形成干热环境，人在此环境下劳动时会大量出汗，如通风不良，则汗液难于蒸发，就可能因蒸发散热困难而发生蓄热和过热。

（2）高温高湿作业：其气象特点是气温、湿度均高，而辐射强度不大。高湿度的形成主要是由于生产过程中产生大量水蒸气或生产工艺上要求班组内保持较高的相对湿度。人在此环境下作业，即使温度不很高，由于蒸发散热极为困难，大量出汗也不能发挥有效散热作用，易发生体内热蓄积或水、电解质平衡失调，从而引发中暑。

(3) 夏季高温露天作业，如建筑、搬运等作业的高温和热辐射的主要来源是太阳辐射。夏季露天作业时还受地表和周围物体二次辐射源的附加热作用。露天作业热辐射作用的持续时间较长，且劳动强度大，人体极易因过度蓄热而中暑。

在无机材料实习岗位中，最常见的高温作业类型为高温强辐射作业。例如，陶瓷、玻璃、耐火材料等工业的高温窑炉能通过传导、对流、辐射散热，使周围物体和空气温度升高，周围物体被加热后又可成为二次热辐射源，且由于热辐射面扩大，气温更高。人在此类环境长时间工作极易中暑。不过，现代化的窑炉均采用全自动化的中央控制系统，生产线的全部工艺生产技术指标参数均可通过计算机进行控制和操作，窑炉岗位在正常生产时可实现全自动无人化操作。

高温作业对人体健康可造成的危害包括：使作业人员感到热、头晕、心慌、烦、渴、无力、疲倦等，进而出现一系列生理功能的改变。例如，体温调节障碍，由于体内蓄热，体温升高；大量水盐丧失，引起水盐代谢平衡紊乱，导致体内酸碱平衡和渗透压失调；心律脉搏加快，皮肤血管扩张及血管紧张度增加，加重心脏负担，血压下降；消化道贫血，造成消化不良和其他胃肠道疾病；高温条件下若水盐供应不足可使尿浓缩，增加肾脏负担，导致肾功能受损等；神经系统出现中枢神经系统的抑制，注意力和肌肉的工作能力、动作的准确性和协调性及反应速率的降低等。高温环境下发生的急性疾病是中暑，中暑按发病机理可分为热射病、日射病、热衰竭和热痉挛。中暑是一种致命性疾病，严重时可导致死亡，必须及时处理和就医治疗。

作为大学实习生，需严格遵照高温岗位操作规范：

(1) 进入岗位前要熟悉、掌握相关岗位的高温危害特性、危害后果、预防和应急措施。

(2) 作业前，可以提前服用防暑降温药物。

(3) 在高温作业中应适当补充水量（如矿泉水、盐水）或预防中暑的冰棍、冰块及绿豆汤，以防止出现中暑现象。

(4) 在高温岗位实习或作业中，应制定合理的劳动和休息制度，调整作息时间，采取多班次轮换工作办法，合理布置工间休息地点。

(5) 在特殊岗位上作业时做好个人防护，高温作业人员应穿耐热、坚固、导热系数小、透气功能好的浅色工作服，根据防护需要穿戴手套、鞋套、护腿、眼镜、面罩、工作帽等，以防止热辐射伤害。

(6) 工作中，应加强防暑降温设备、设施（风机、电扇、空调）的性能检查，如发热炉体是否用隔热材料（耐火、保温材料、水等）良好包裹、通风天窗是否开启、通风风扇是否工作正常等，如果发现问题应及时汇报处理。

(7) 岗位作业中应保持良好的精神状态，身体如有不适及时汇报，不准班中带病作业或饮酒后作业。

（8）按时参加职业危害岗位的健康体检。

8.8.5 噪声安全知识

噪声是指人们主观上不需要的不同频率和强度的杂乱无章的声音。生产过程中产生的噪声则为生产性噪声，生产性噪声已经成为我国工业企业中严重危害工人身心健康的职业病危险因素之一。

噪声主要来源于各设备在运转过程中振动、碰撞而产生的机械性噪声。无机材料生产中产生噪声的设备包括上料设备、混料设备、成型设备、加工设备等。

噪声对人体的危害首当其冲受损的是听觉系统，另外对非听觉系统也会产生不良影响，包括心血管系统、神经内分泌系统、消化系统及精神、心理等。噪声对人体损伤的早期改变多属生理性改变，长期接触较强噪声则可引起病理性改变。

影响噪声性听力损失的因素有以下几个方面：噪声强度、噪声的频率及频谱（人耳对低频的耐受力要比中频和高频者强，2000～4000Hz 的声音最易导致耳蜗损害，断续的噪声较持续者损伤小，突然出现的噪声比逐渐开始的危害性大，噪声伴振动对内耳的损害性比单纯噪声明显）、接触噪声时间、个体差异等。

作为大学实习生，在实习阶段应充分了解噪声的来源、危害，并严格遵照噪声岗位操作规范以避免对自身听力造成伤害。

（1）应熟悉掌握实习岗位的噪声危害特性、危害后果、预防和应急措施。

（2）在噪声岗位实习或作业时，应按要求佩戴防噪耳塞或耳罩，以避免噪声危害。

（3）从事易产生噪声的作业时，应尽量采取木料、胶皮等铺垫措施降低噪声危害。

（4）在噪声较大区域连续工作时，宜分批轮换作业。

（5）工作中，应加强降噪设施的性能检查，对于产生强噪声的设备，应设置减震基础；高噪声和低噪声设备可分开布置，并设置隔音墙，如果出现问题应及时汇报处理。

（6）岗位作业中应保持良好的精神状态，身体如有不适应及时汇报，不准班中带病作业或饮酒后作业。

（7）应按要求按时参加职业危害岗位的健康体检。

8.8.6 防机械伤害和触电伤害安全知识

机械伤害主要指机械设备运动（静止）部件、工具、加工件直接与人体接触引起的夹击、碰撞、剪切、卷入、绞、碾、割、刺等形式的伤害；各类转动机械的外露传动部分（如齿轮、轴、履带等）和往复运动部分都有可能对人体造成机械伤害。机械伤害事故是由人的不安全行为和机械本身的不安全状态造成的。机械伤害事故会伤及操作人员的手、脚、头发及其他躯体部位。

触电即电流对人体产生伤害，包括电击和电伤。电击是由电流通过人体而造成的内部器官在生理上的反应和病变，即电流对人体内部组织的伤害。电伤是由电流的热效应、化学效应和机械效应对人体外表造成的局部伤害。电击是最危险的一种伤害，对人的伤害往往是致命的，造成的后果一般比电伤要严重得多，但电伤常与电击同时发生。造成触电事故的原因是多方面的，归纳起来主要有两方面。一方面是设备、线路的问题，如接线错误，特别是插头、插座接线错误造成过很多触电事故。另外，电气设备运行管理不当，绝缘损坏而漏电，又没有采取切实有效的安全措施，也会造成触电事故。另一方面是人为因素，其主要原因是安全教育不够、安全制度不严和安全措施不完善、操作者素质不高等。

机械伤害和触电伤害两类事故的共同特征是，事故具有突发性和紧迫性。事故一旦发生，现场急救对抢救触电和机械伤害事故的应急处理非常关键，如果现场急救正确及时，不仅可以减轻伤者的痛苦，降低事故的严重程度，而且可以争取抢救时间，挽救更多人的生命。

在生产作业现场，如果发生机械伤害或触电事故而造成人身伤害，操作人员应立即在现场进行自救，停止作业，采取果断措施，切断事故源，防止事故扩大，立刻拨打120急救报警电话寻求支援，并及时向企业管理部门汇报，说明事故发生地点和时间、人员伤害情况、设备损坏情况、作业现场状况，并保护现场。

1. 机械伤害事故应急处置

机械伤害造成的受伤部位可能遍及全身各个部位，如头部、眼部、颈部、胸部、腰部、脊柱、四肢等，有些机械伤害会造成人体多处受伤，后果非常严重。

1）伤害急救基本要点

（1）发生机械伤害事故后，现场人员不要害怕和慌乱，要保持冷静，迅速对受伤人员进行检查。急救检查应先看神志、呼吸，接着摸脉搏、听心跳，再查瞳孔，有条件者测血压。检查局部有无创伤、出血、骨折、畸形等变化，根据伤者的情况，有针对性地采取人工呼吸、心脏按压、止血、包扎、固定等临时应急措施。

（2）动用最快的交通工具或其他措施，及时把伤者送往邻近医院抢救，运送途中应尽量减少颠簸。

（3）如果伤者不能移动，应迅速拨打120急救电话，在拨打急救电话时要在电话中讲清伤员的确切地点、联系方法、行驶路线等，并简要说明伤员的受伤情况、症状等，询问清楚在救护车到来之前应该做些什么，派人到路口准备迎候救护人员。

(4) 遵循"先救命、后救肢"的原则,优先处理颅脑伤、胸伤、肝、脾破裂等危及生命的内脏伤,然后处理肢体出血、骨折等伤。

(5) 检查伤者呼吸道是否被舌头、分泌物或其他异物堵塞。

(6) 如果呼吸已经停止,立即实施人工呼吸;如果脉搏不存在,心脏停止跳动,立即进行心肺复苏。

(7) 如果伤者出血,进行必要的止血及包扎。

(8) 大多数伤员可以毫无顾忌地抬送医院,但对于颈部、背部严重受损者要慎重,以防止其进一步受伤。

(9) 让患者平卧并保持安静,如有呕吐,同时无颈部骨折时,应将其头部侧向一边以防止噎塞。

(10) 动作轻缓地检查患者,必要时剪开其衣服,避免突然挪动增加患者痛苦。

(11) 救护人员既要安慰患者,自己也应尽量保持镇静,以消除患者的恐惧。

(12) 不要给昏迷或半昏迷者喝水,以防液体进入呼吸道而导致窒息,也不要用拍击或摇动的方式试图唤醒昏迷者。

2) 现场急救技术

(1) 人工呼吸。口对口(鼻)吹气法是现场急救中采用最多的一种人工呼吸方法,其具体操作方法是:

a. 对伤员进行初步处理,将需要进行人工呼吸的伤员放在通风良好、空气新鲜、气温适宜的地方,解开伤员的衣领、裤带、内衣,清除口鼻分泌物、呕吐物及其他杂物,保证呼吸道畅通。

b. 使伤员仰卧,施救人员位于其头部一侧,捏住伤员的鼻孔,深吸气后,将自己的嘴紧贴伤员的嘴吹入气体。然后,离开伤员的嘴,放开鼻孔,以一手压伤员胸部,助其呼出体内气体。如此,有节律地反复进行,每分钟进行15次。吹气时不要用力过度,以免造成伤员肺泡破裂。

c. 吹气时,应配合对伤员进行胸外心脏按压。一般吹一次气后,做四次心脏按压。

(2) 心肺复苏。胸外心脏按压是心脏复苏的主要方法,它是通过压迫胸骨,对心脏给予间接按压,使心脏排出血液,参与血液循环,以恢复心脏的自主跳动。其具体操作方法是:

a. 让需要进行心脏按压的伤员仰卧在平整的地面或木板上。

b. 施救人员位于伤员一侧,双手重叠放在伤员胸部两乳正中间处,用力向下挤压胸骨,使胸骨下陷3~4cm,然后迅速放松,放松时手不离开胸部。如此反复有节律地进行。按压速度为每分钟60~80次。

胸外心脏按压时的注意事项:

a. 胸部严重损伤、肋骨骨折、气胸或心包填塞的伤员，不应采用此法。
　　b. 胸外心脏按压应与人工呼吸配合进行。
　　c. 按压时，用力要均匀，力量大小看伤员的身体及胸部情况而定；按压时手臂不要弯曲，用力不要过猛，以免使伤员肋骨骨折。
　　d. 随时观察伤员情况，作出相应的处理。
　　(3) 止血。当伤员身体有外伤出血现象时，应及时采取止血措施。常用的止血方法有以下几种：
　　a. 伤口加压法。这种方法主要适用于出血量不太大的一般伤口，通过对伤口的加压和包扎，减少出血，让血液凝固。其具体做法是：如果伤口处没有异物，用干净的纱布、布块、手绢、绷带等物或直接用手紧压伤口止血；如果出血较多，可以用纱布、毛巾等柔软物垫在伤口上，再用绷带包扎以增加压力，达到止血的目的。
　　b. 手压止血法。临时用手指或手掌压迫伤口靠近心端的动脉，将动脉压向深部的骨头上，阻断血液的流通，从而达到临时止血的目的。这种方法通常是在急救中和其他止血方法配合使用，其关键是要掌握身体各部位血管止血的压迫点。
　　手压止血法仅限于无法止住伤口出血，或准备敷料包扎伤口时。施压时间切勿超过 15min。如施压过久，肢体组织可能因缺氧而损坏，以致不能康复，继而还可能需要截肢。
　　c. 止血带法。这种方法适合于四肢伤口大量出血时使用，主要有布止血带绞紧止血、布止血带加垫止血、橡皮止血带止血三种。使用止血带法止血时，绑扎松紧要适宜，以出血停止、远端不能摸到脉搏为好。使用止血带的时间越短越好，最长不宜超过 3h，并在此时间内每隔 0.5h（冷天）或 1h 慢慢解开、放松一次。每次放松 1~2min，放松时可用指压法暂时止血。不到万不得已时不要轻易使用止血带，因为上好的止血带能把远端肢体的全部血流阻断，造成组织缺血，时间过长会引起肢体坏死。
　　d. 搬运转送。搬运转送是危重伤病员经过现场急救后由救护人员安全送往医院的过程，是现场急救过程中的重要环节。因此，必须寻找合适的担架，准备必要的途中急救力量和器材，尽可能调度速度快、震动小的运输工具。同时，应注意掌握各种伤病员搬运方式的不同：①上肢骨折的伤员，托住固定伤肢后，可让其自行行走。②下肢骨折，用担架抬送。③脊柱骨折伤员，用硬板或其他宽布带将伤员绑在担架上。④昏迷患者，头部可稍垫高并转向一侧，以免呕吐物吸入气管。

2. 意外触电事故应急处置

触电事故往往是在一瞬间发生的，情况危急，不得有半点迟疑，时间就是生命。人体触电后，有的虽然心跳、呼吸停止了，但可能属于濒死或临床死亡。如果抢救正确及时，一般还是可能救活的。触电者的生命能否获救，其关键在于能否迅速脱离电源和进行正确的紧急救护。

1）脱离电源

当人发生触电后，首先要使触电者脱离电源，这是对触电者进行急救的关键。但在触电者未脱离电源前急救人员不准用手直接拉触电者，以防急救人员触电。为了使触电者脱离电源，急救人员应根据现场条件果断地采取适当的方法和措施。脱离电源的方法和措施一般有以下几种：

（1）低压触电脱离电源。

a. 在低压触电附近有电源开关或插头，应立即将开关拉开或插头拔脱，以切断电源。

b. 如电源开关离触电地点较远，可用绝缘工具将电线切断，但必须切断电源侧电线，并应防止被切断的电线误触他人。

c. 当带电低压导线落在触电者身上时，可用绝缘物体将导线移开，使触电脱离电源。但不允许用任何金属棒或潮湿的物体移动导线，以防急救者触电。

d. 若触电者的衣服是干燥的，急救者可用随身干燥衣服、干围巾等将自己的手严密包裹，然后用包裹的手拉触电者干燥衣服，或用急救者的干燥衣物结在一起，拖拉触电者，使触电者脱离电源。

e. 若触电者离地距离较大，应防止切断电源后触电者从高处摔下造成外伤。

（2）高压触电脱离电源。当发生高压触电，应迅速切断电源开关。如无法切断电源开关，应使用适合该电压等级的绝缘工具，使触电者脱离电源。急救者在抢救时，应对该电压等级保持一定的安全距离，以保证急救者的人身安全。

（3）架空线路触电脱离电源。当有人在架空线路上触电时，应迅速拉开关，或用电话告知当地供电部门停电。如不能立即切断电源，可采用抛掷短路的方法使电源侧开关跳闸。在抛掷短路线时，应防止电弧灼伤或断线危及人身安全。杆上触电者脱离电源后，用绳索将触电者送至地面。

2）现场急救处理

当触电者脱离电源后，急救者应根据触电者的不同生理反应进行现场急救处理。

（1）触电者神志清醒，但感乏力、心慌、呼吸促迫、面色苍白时，应将触电者躺平就地安静休息，不要让触电者走动，以减轻心脏负担，并应严密观察呼吸和脉搏的变化。若发现触电者脉搏过快或过慢，应立即请医务人员检查治疗。

（2）触电者神志不清，有心跳，但呼吸停止或极微弱的呼吸时，应及时用仰头抬颏法，如图8-2所示，使患者头部尽量后仰，颏部向前抬起，使气道开放，并进行口对口人工呼吸。如不及时进行人工呼吸，将由于缺氧过久从而引起心跳停止。

（3）触电者神志丧失、心跳停止，但有微弱的呼吸时，应立即进行心肺复苏急救。不能认为尚有极微弱的呼吸就只做胸外按压，因为这种微弱的呼吸起不到气体交换作用。

（4）触电者心跳、呼吸均停止时，应立即进行心肺复苏急救，在搬移或送往医院途中仍应按心肺复苏规定进行急救。

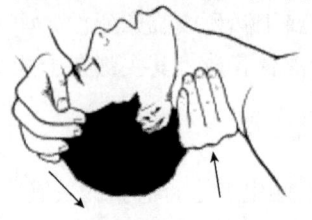

图8-2 仰头抬颏法示意图

（5）触电者心跳、呼吸均停，并伴有其他伤害时，应迅速进行心肺复苏急救，然后处理外伤。对伴有颈椎骨折的触电者，在开放气道时，不应使头部后仰，以免高位截瘫，因此应用托颌法，如图8-3所示，向前托起下颌而保持头部相对固定。

图8-3 托颌法示意图

参 考 文 献

何庆. 2011. 机械生产实习教程与范例. 北京：电子工业出版社

洪功翔. 2012. 政治经济学. 合肥：中国科学技术大学出版社

贾恒旦. 2009. 生产实习规范指导手册. 北京：机械工业出版社

蒋小谦，康艳兵，刘强，等. 2012. 2020年我国水泥行业CO_2排放趋势与减排路径分析. 中国能源，34（9）：17-21

况金华，梅朝鲜. 2013. 陶瓷生产工艺技术. 武汉：武汉理工大学出版社

梁晓东，李成延，田大伟，等. 2012. 企业生产实习指导. 北京：机械工业出版社

宋晓岚，叶昌，何小明. 2013. 无机材料工厂工艺设计概论. 北京：冶金工业出版社

王方林. 2006. 化工实习指导. 北京：化学工业出版社

王叶青. 2012. 生产实习指导书. 武汉：华中科技大学出版社

翁端，冉锐. 2011. 环境材料学. 北京：清华大学出版社

杨月坤. 2011. 企业文化. 北京：清华大学出版社

袁翱. 2013. 土木工程类专业生产实习指导书. 成都：西南交通大学出版社

张汉泉. 2013. 矿物加工工程实习与实践教程. 北京：冶金工业出版社

张巨松. 2010. 无机非金属材料工艺学. 哈尔滨：哈尔滨工业大学出版社

张其土. 2007. 无机材料科学基础. 上海：华东理工大学出版社

附录1 《中华人民共和国安全生产法（2014年修订版）》（摘录）

《全国人民代表大会常务委员会关于修改〈中华人民共和国安全生产法〉的决定》由中华人民共和国第十二届全国人民代表大会常务委员会第十次会议于2014年8月31日通过，《中华人民共和国安全生产法》新版本自2014年12月1日起施行。

第一章　总则
第二章　生产经营单位的安全生产保障
第三章　从业人员的安全生产权利义务
第四章　安全生产的监督管理
第五章　生产安全事故的应急救援与调查处理
第六章　法律责任
第七章　附则

本书主要摘录第一章"总则"及与企业员工关联密切的第三章"从业人员的权利和义务"。

第一章　总则

第一条　为了加强安全生产工作，防止和减少生产安全事故，保障人民群众生命和财产安全，促进经济社会持续健康发展，制定本法。

第二条　在中华人民共和国领域内从事生产经营活动的单位（以下统称生产经营单位）的安全生产及其监督管理，适用本法；有关法律、行政法规对消防安全和道路交通安全、铁路交通安全、水上交通安全、民用航空安全以及核与辐射安全、特种设备安全另有规定的，适用其规定。

第三条　安全生产工作应当以人为本，坚持安全发展，坚持安全第一、预防为主、综合治理的方针，强化和落实生产经营单位的主体责任，建立生产经营单位负责、职工参与、政府监管、行业自律和社会监督的机制。

第四条　生产经营单位必须遵守本法和其他有关安全生产的法律、法规，加强安全生产管理，建立、健全安全生产责任制和安全生产规章制度，改善安全生产条件，推进安全生产标准化建设，提高安全生产水平，确保安全生产。

第五条　生产经营单位的主要负责人对本单位的安全生产工作全面负责。

第六条　生产经营单位的从业人员有依法获得安全生产保障的权利,并应当依法履行安全生产方面的义务。

第七条　工会依法对安全生产工作进行监督。生产经营单位的工会依法组织职工参加本单位安全生产工作的民主管理和民主监督,维护职工在安全生产方面的合法权益。生产经营单位制定或者修改有关安全生产的规章制度,应当听取工会的意见。

第八条　国务院和县级以上地方各级人民政府应当根据国民经济和社会发展规划制定安全生产规划,并组织实施。安全生产规划应当与城乡规划相衔接。

国务院和县级以上地方各级人民政府应当加强对安全生产工作的领导,支持、督促各有关部门依法履行安全生产监督管理职责,建立健全安全生产工作协调机制,及时协调、解决安全生产监督管理中存在的重大问题。

乡、镇人民政府以及街道办事处、开发区管理机构等地方人民政府的派出机关应当按照职责,加强对本行政区域内生产经营单位安全生产状况的监督检查,协助上级人民政府有关部门依法履行安全生产监督管理职责。

第九条　国务院安全生产监督管理部门依照本法,对全国安全生产工作实施综合监督管理;县级以上地方各级人民政府安全生产监督管理部门依照本法,对本行政区域内安全生产工作实施综合监督管理。

国务院有关部门依照本法和其他有关法律、行政法规的规定,在各自的职责范围内对有关行业、领域的安全生产工作实施监督管理;县级以上地方各级人民政府有关部门依照本法和其他有关法律、法规的规定,在各自的职责范围内对有关行业、领域的安全生产工作实施监督管理。

安全生产监督管理部门和对有关行业、领域的安全生产工作实施监督管理的部门,统称负有安全生产监督管理职责的部门。

第十条　国务院有关部门应当按照保障安全生产的要求,依法及时制定有关的国家标准或者行业标准,并根据科技进步和经济发展适时修订。

生产经营单位必须执行依法制定的保障安全生产的国家标准或者行业标准。

第十一条　各级人民政府及其有关部门应当采取多种形式,加强对有关安全生产的法律、法规和安全生产知识的宣传,增强全社会的安全生产意识。

第十二条　有关协会组织依照法律、行政法规和章程,为生产经营单位提供安全生产方面的信息、培训等服务,发挥自律作用,促进生产经营单位加强安全生产管理。

第十三条　依法设立为安全生产提供技术、管理服务的机构,依照法律、行政法规和执业准则,接受生产经营单位的委托为其安全生产工作提供技术、管理服务。

生产经营单位委托前款规定的机构提供安全生产技术、管理服务的,保证安全生产的责任仍由本单位负责。

第十四条　国家实行生产安全事故责任追究制度，依照本法和有关法律、法规的规定，追究生产安全事故责任人员的法律责任。

第十五条　国家鼓励和支持安全生产科学技术研究和安全生产先进技术的推广应用，提高安全生产水平。

第十六条　国家对在改善安全生产条件、防止生产安全事故、参加抢险救护等方面取得显著成绩的单位和个人，给予奖励。

第三章　从业人员的权利和义务

第四十九条　生产经营单位与从业人员订立的劳动合同，应当载明有关保障从业人员劳动安全、防止职业危害的事项，以及依法为从业人员办理工伤保险的事项。

生产经营单位不得以任何形式与从业人员订立协议，免除或者减轻其对从业人员因生产安全事故伤亡依法应承担的责任。

第五十条　生产经营单位的从业人员有权了解其作业场所和工作岗位存在的危险因素、防范措施及事故应急措施，有权对本单位的安全生产工作提出建议。

第五十一条　从业人员有权对本单位安全生产工作中存在的问题提出批评、检举、控告；有权拒绝违章指挥和强令冒险作业。

生产经营单位不得因从业人员对本单位安全生产工作提出批评、检举、控告或者拒绝违章指挥、强令冒险作业而降低其工资、福利等待遇或者解除与其订立的劳动合同。

第五十二条　从业人员发现直接危及人身安全的紧急情况时，有权停止作业或者在采取可能的应急措施后撤离作业场所。

生产经营单位不得因从业人员在前款紧急情况下停止作业或者采取紧急撤离措施而降低其工资、福利等待遇或者解除与其订立的劳动合同。

第五十三条　因生产安全事故受到损害的从业人员，除依法享有工伤保险外，依照有关民事法律尚有获得赔偿的权利的，有权向本单位提出赔偿要求。

第五十四条　从业人员在作业过程中，应当严格遵守本单位的安全生产规章制度和操作规程，服从管理，正确佩戴和使用劳动防护用品。

第五十五条　从业人员应当接受安全生产教育和培训，掌握本职工作所需的安全生产知识，提高安全生产技能，增强事故预防和应急处理能力。

第五十六条　从业人员发现事故隐患或者其他不安全因素，应当立即向现场安全生产管理人员或者本单位负责人报告；接到报告的人员应当及时予以处理。

第五十七条　工会有权对建设项目的安全设施与主体工程同时设计、同时施工、同时投入生产和使用进行监督,提出意见。

工会对生产经营单位违反安全生产法律、法规,侵犯从业人员合法权益的行为,有权要求纠正;发现生产经营单位违章指挥、强令冒险作业或者发现事故隐患时,有权提出解决的建议,生产经营单位应当及时研究答复;发现危及从业人员生命安全的情况时,有权向生产经营单位建议组织从业人员撤离危险场所,生产经营单位必须立即作出处理。

工会有权依法参加事故调查,向有关部门提出处理意见,并要求追究有关人员的责任。

第五十八条 生产经营单位使用被派遣劳动者的,被派遣劳动者享有本法规定的从业人员的权利,并应当履行本法规定的从业人员的义务。

附录2 《安全标志及其使用导则》（GB 2894—2008）
（摘录）

安全标志分为禁止标志、警告标志、指令标志和提示标志四大类型。

禁止标志为禁止人们不安全行为的图形标志；警告标志为提醒人们对周围环境引起注意，以避免可能发生危险的图形标志；指令标志为强制人们必须做出某种动作或采用防范措施的图形标志；提示标志为向人们提供某种信息（如标明安全设施或场所等）的图形标志。

禁止标志的基本形式是带斜杠的圆边框，警告标志的基本形式是正三角形边框，指令标志的基本形式是圆形边框，提示标志的基本形式是正方形边框。

本书摘录了生产企业常见的安全标志。

禁止吸烟　禁止带火种　禁止烟火　禁止靠近　禁止跨越

禁止堆放　禁止穿化纤服装　禁止放易燃物　禁止通行　禁止戴手套

禁止入内　禁止合闸　禁止跳下　禁止放易燃物　禁止用水灭火

禁止抛物　紧急出口　避险处　当心爆炸　当心电缆

附录2　《安全标志及其使用导则》（GB 2894—2008）（摘录）

当心冒顶	当心塌方	当心坠落	当心机械伤人	当心中毒
注意安全	当心火灾	当心烫伤	当心车辆	当心伤手
当心落物	当心坑洞	当心触电	必须戴防护眼镜	必须戴防毒面具
必须戴安全帽	必须系安全带	必须戴防尘口罩	必须戴护耳器	必须穿防护服
必须戴防护手套	必须配戴遮光护目镜	禁止依靠	禁止蹬踏	禁止坐卧
禁止推动	禁止叉车和厂内机动车通行	禁止开启无线通讯设备	禁止携带托运易燃易爆物品	当心吊物
当心障碍物	当心滑倒	应急避难场所	禁止触摸	当心挤压

当心碰头　　当心跌落　　当心高温表面　　当心落水

禁止井下睡觉　禁止井下随意拆卸矿灯　必须携带矿灯　注意防尘　噪声有害